KB250731

설탕 말고, 효소

우리 집 설탕 섭취 줄이는 효소 요리 레시피 71가지

설탕 말고, 효소

초판 1쇄 인쇄 2016년 7월 1일
초판 1쇄 발행 2016년 7월 8일

글 · 사진 황유진
펴낸이 金滇珉
펴낸곳 북로그컴퍼니
편집부 김옥자 · 태윤미 · 김현영 · 이예지
디자인 김승은
마케팅 김승지
경영기획 김형곤

주소 서울시 마포구 월드컵북로1길 60 (서교동), 5층
전화 02-738-0214
팩스 02-738-1030
등록 제2010-000174호

ISBN 979-11-87292-15-9 13590

설탕 말고, 효소

황유진 지음

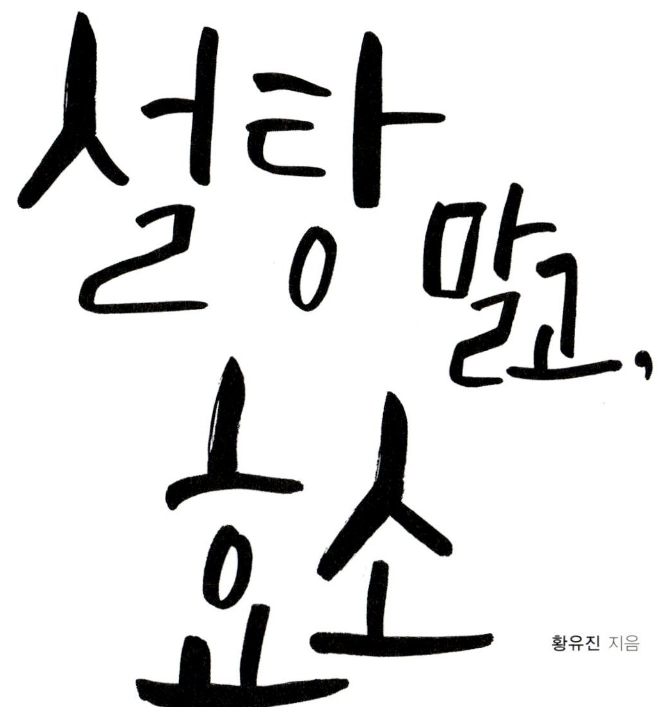

북로그컴퍼니

독자 여러분께

제 두 번째 책,《설탕 말고, 효소》를 소개하게 되어 기대와 흥분을 감출 수가 없습니다.

2007년, 제가 미국에서 처음 효소를 만들겠다고 마음먹었을 때만 해도 대부분의 효소는 색이 검은 매실 효소였어요. 즉, 효소는 매실액이다, 라고 알려져 있었지요. 그래서 제가 거의 모든 과일과 채소로 만든 무지개색의 효소를 제 블로그에 발표하자 다들 놀라워했어요. 특히 저처럼 외국에 있는 한인들의 호응이 대단했지요. 많은 사람들이 저를 따라 효소를 만들었다고 말해주셨어요. 블로그 댓글로, 이메일로, 또 팬미팅에서 자신들의 경험을 이야기해주셨죠.

그렇다면 제가 왜 그렇게 효소 연구와 요리에 집중하고, 블로그에 효소와 효소 요리 레시피를 올리고, 결국 책으로까지 출간했을까요? 바로 설탕 말고 효소를 요리에 활용할 수 있다는 것을 보여주기 위해서였어요.

지금 한국에서는 거센 효소 붐이 일었다가 다시 비판론이 이는 등, 효소에 관해 갑론을박이 일고 있다고 들었어요. 저는 이러한 진짜, 가짜의 논란을 떠나, 요리에 효소를 쓰는 것이 그냥 설탕을 쓰는 것보다 건강에 낫다고 봐요. 그만큼 설탕의 과잉 섭취가 우리 몸에 악영향을 끼친다는 점을 지적하고 싶어요.

한국 정부는 2018년부터 당 함량이 높은 탄산음료에 '고열량·저영양 식품'이라는 표시를 달게 하겠다고 발표했어요. 또한 설탕을 덜 쓰는 식단을 적극 개발하겠다고 했고요. 한편 제이미 올리버(Jamie Oliver)라는 영국의 유명 요리사가 벌여온 정크푸드와 설탕 섭취 줄이기 캠페인의 영향으로 2015년, 영국 국회는 설탕이 들어간 청량음료에 대해 1리터당 최대 24펜스(약 400원)의 설탕세(sugar tax) 부과하기로 결정했지요. 한편 유엔 세계보건기구(WHO) 역시 설탕의 섭취를 낮춰야 한다는 권고안을 내놓았고요. 이처럼 우리나라를 비롯한 전 세계는 설탕과의 전쟁을 벌이고 있습니다.

하지만 집에서는 설탕과의 전쟁에서 패배하기 쉬워요. 설탕은 요리를 좀 더 맛있게 바꿔주는 마법의 가루와도 같으니까요.

이 글을 읽고 계실 독자 여러분, 음식에 넣는 설탕을 줄이려면 도대체 어떻게 해야 할까, 고민이 많으셨죠? 이제는 그런 고민을 할 필요가 없어요. 효소가 있으니까요. 물론 효소에도 설탕이 사용되지만, 직접적으로 설탕을 요리에 넣는 것과는 달라요. 그건 효소를 10년 가까이 연구하고 요리에 넣어 먹어온 사람으로서 감히 말씀드릴 수 있어요.

효소는 설탕과 물을 사용하는 시럽과 달리 설탕에 버무린 과일 혹은 채소를 발효시켜 만든 액체이기 때문에 그 안에 과일과 채소의 맛과 영양이 고스란히 담겨 있어요. 석류와 크랜베리로 만든 효소 안에는 석류와 크랜베리의 상큼한 맛과 색, 영양, 그리고 미생물이 생산한 효소까지, 몸에 좋은 것들이 다 녹아 있죠. 물론 설탕에서 온 단맛도 살아 있고요. 때문에 고추장은 물론 쌈장, 드레싱 등에 설탕 대신 효소를 넣으면 맛과 건강을 더한 소스와 양념이 되는 거예요. 반찬과 찌개, 국 등의 한식은 물론, 피자와 스테이크 같은 레스토랑용 음식까지 효소로 다 해결할 수 있지요.

미국에 처음 왔을 때, 집 주변에 한국 마켓이 없었어요. 때문에 한국 요리에 필요한 각종 채소와 과일을 집 뒤뜰에서 키우다 보니 수확한 재료가 넘쳐나 저장 차원에서 효소를 만들기 시작했어요. 그야말로 자급자족이었지만, 식탁은 훨씬 더 풍성하고 건강해졌답니다. 불편함 때문에 시작했던 일들이 요리에 대한 저의 열정과 호기심과 만나 저를 요리 연구가로 만들어주었어요. 여러분들도 가족이 먼저 인정하는 똑똑한 요리사가 되리라 믿어 의심치 않습니다.

책에 나온 효소와 요리에 관해 궁금한 점은 언제라도 제 페이스북과 블로그를 통해 물어보세요. 이 자리를 빌려 저의 효소 연구와 시행착오를 꾸준히 지켜봐주시고 응원의 메시지를 주신 제 팬들께 감사의 인사를 전합니다.

마지막으로, 저에게 창의적 유전자를 물려주신 하늘에 계신 부모님, 그리고 제가 세상에서 가장 사랑하는 사람이자 곧 병역 의무를 마치고 제대를 앞둔 장한 내 아들 륜호에게 이 책을 바칩니다.

미국 워싱턴 주에서
황유진

1/4 TSP
1.25ml

일러두기

단위

- 1TBS(큰술)는 15ml이다.
- 1ts(작은술)는 5ml이다.
- 1컵은 240ml이다.

효소

- 하나의 레시피에서 효소가 2가지 이상 나올 때는 1차 효소/2차 효소로 표시하였다.
- 분량은 최종적으로 거른 효소의 양이다. 단, 1차 효소와 2차 효소가 나올 경우 1차 효소를 기준으로 한다.
- EM의 양은 효소 담그기의 편의를 위해 ts(작은술)로 표기하였다. 가루 EM의 경우 3ts는 약 10g이며, 액체EM의 경우 1ts은 5g이다.

요리

- 분량은 인분을 기본으로 표기하되, 요리에 따라 포기/L(리터)/개 등 다양한 단위를 이용하였다.
- 레시피에 사용되는 효소는 요리와의 궁합을 고려한 것이다. 그러나 반드시 해당 효소만 써야 하는 것은 아니며 원하는 맛과 영양에 따라 다양하게 응용해도 된다.

Stra
Enzy
Mal

PART 1

효소 기초 수업

효소란 무엇인가?

효소, 요즘 떠오르고 있는 건강식품 중 하나다. 각종 매스컴에서 효소가 몸의 균형을 잡아주고 젊음을 유지시키며 신진대사를 활발하게 한다고 끊임없이 이야기한다. 때문에 6월이면 매실효소를 담그느라 너도나도 바쁘다.

나는 2007년부터 꾸준히 효소 연구를 해왔다. 도인들의 음료로만 여겨지며 음지에 있던 효소를 양지로 들고 나와 책, 잡지, 블로그에 소개하며 큰 호응을 받았다. 그러니 효소 붐을 일으킨 장본인이라면 장본인이라 할 수 있다.

하지만 처음 효소를 이야기했을 땐 '소화효소 말씀하시는 건가요?'라는 질문이 돌아오곤 했다. 많은 이들에게 그 정도의 상식이 현실이었다. 효소 열풍이 불고 있는 지금도 효소에 대해 제대로 알고 있는 사람은 별로 없다. 어쩌면 지극히 자연스러운 현상이다. 그만큼 효소가 그리 간단한 주제는 아니기 때문이다. 효소 담그기와 효소 요리를 소개하기 전에 효소가 우리 몸 속에서 어떤 역할을 하는지, 효소를 왜 먹자고 하는지에 대해 정확하게 알고 가는 게 순서인 것 같다.

효소(enzyme)는 '유용한 화학적 변화를 유도하는 촉매제 단백질'을 말한다. 쉽게 말하자면 건축자재(아미노산, 비타민, 미네랄 등)를 이용해 빌딩(몸)을 만드는 건설노동자(효소)인 것이다. 아무리 많은 건축자재가 있어도 노동자가 없으면 빌딩을 세우지 못한다. 다시 말해 효소가 없으면 인간은 물론 살아 있는 모든 생물들이 생명을 유지할 수 없다.

효소는 음식을 소화할 때, 소화된 음식의 영양분을 몸으로 흡수시킬 때, 핏줄을 통해 영양분을 세포로 운반할 때, 간에서 독소를 파괴할 때, 신장에서 파괴된 독소를 모을 때, 방광과 땀으로 노폐물을 배출할 때의 작용을 돕는다. 또한 뇌의 활동, 근육 활동, 신경 반응, DNA 합성까지, 효소는 세포의 모든 대사 및 활동에 관여한다. 우리 몸은 평균 50조 개의 세포로 이루어져 있다고 알려져 있다. 그러니 우리 몸을 지탱하려면 상상할 수 없을 만큼의 효소가 필요하다.

• 효소의 종류

효소는 우리가 몸 안에서 직접 생산이 가능한 효소와 우리가 섭취 가능한 효소로 나눌 수 있다. 섭취 가능한 효소는 다시 식물효소, 동물효소, 미생물효소 3가지로 나눌 수 있다. 식물효소는 주로 생즙에서 얻을 수 있고, 동물효소는 동물의 생내장에서 얻을 수 있다. 그리고 미생물효소는 말 그대로 미생물의 활동을 통해 만들어진다.

• 효소를 왜 먹어야 하는가?

효소는 모든 생물들이 체내에서 직접 만들어서 사용한다. 인간도 마찬가지다. 그런데 몸이 피로하거나 약해지면 효소를 제대로 생산해내지 못한다. 과식, 과음, 흡연, 잘못된 생활 패턴, 스트레스 등이 쌓이면 효소를 합성하는 작용이 둔해지고 약해지며, 효소가 제대로 활동할 수 있는 환경이 파괴된다. 이처럼 여러 가지 이유 때문에 효소가 부족해지면 각종 질환에 시달릴 수 있다. 효소는 몸의 거의 모든 대사 과정에 관여하기 때문에 어떤 효소가 부족하냐에 따라 걸릴 수 있는 질병의 종류도 결정된다. 때문에 우리는 부족한 체내 효소를 보충하기 위해 효소를 섭취해야 한다. 다시 말해 식물과 동물, 미생물이 직접 생산한 효소를 먹어야 하는 것이다.

하지만 생것을 매일 먹어 필요한 효소를 충분히 섭취하기란 현실적으로 매우 어렵다. 그렇기에 사람들은 과일과 채소의 효소를 저장하는 효소 만들기, 그리고 효소영양제에 관심을 갖는 것이다.

EM을 사용한 효소 발효

• '유진 효소'의 특징

내가 담그는 효소의 가장 큰 특징이자 차별점은, 재료와 설탕이나 꿀을 버무려 재워두는 발효기간을 수개월에서 단 5~7일로 단축했다는 것이다. 다른 효소 제조법과 달리 여름엔 5일, 겨울엔 7일이면 거를 수 있다. 이러한 '쉽고 빠른 효소 담그기'에 감탄하는 사람들이 많은데, 이러한 방법은 내가 2007년부터 지금까지 과학적 실험에 근거하여 체계적으로 효소 담그는 방법을 연구한 결과다.

여기에는 미생물발효제인 EM의 공이 크다고 할 수 있다. 하지만 한국에서는 EM 하면 농사용 거름이나 친환경 세제로 생각되는 것이 사실이다. EM이 무엇이기에 효소 담그기에 도움이 되는지 알아보자.

• EM이란 무엇인가?

EM(Effective Microorganisms)은 유용미생물군이라는 뜻으로, 자연계에 존재하는 수많은 미생물 중에서 사람에게 유익한 미생물들을 인공적으로 조합·배양한 것이다. EM에 포함된 미생물은 80여 종에 달하는데, 그 중 핵심 미생물은 광합성세균(산소 생산), 유산균(강력한 살균 작용 및 당분 분해 작용), 효모(발효를 돕고 비타민류와 생리활성물질 생산) 등이다.

EM은 미생물 연구가 한창이던 1968년, 일본 과학자 히가 테루오 박사(比嘉照夫)가 오키나와현의 류큐대학 농학부 교수로 재직 당시 개발한 것이다. 1982년 처음으로 상용화하여 현재는 120개국에서 사용하는 브랜드 이름이 되었다. 처음에는 주로 친환경농법에 널리 사용되었는데, EM 희석액을 토양에 뿌리기만 해도 토양이 개량되어 농작물의 성장을 도왔기 때문이다.

• EM을 활용한 과학적인 효소 담그기

처음 효소를 만들 때부터 나는 EM을 활용하였는데, 이는 일본인 EM 연구가 시마모토 사토루(島本覺之)의 연구에 따른 것이다. 2004년, 그는 야생 과일로 자연적으로 발효된 자연발효주에서 힌트를 얻어 독자적인 효소 배양에 성공하였다. 바로 발효 과정에 EM을 소량(설탕량의 2%) 사용하는 발효법으로 말이다. 이렇게 만들어진 과일효소는 음복 실험자들에 의해 소화 작용은 물론 대사 작용에 의한 체내 노폐물의 분해·배설을 돕고, 성인병까지 예방한다는 게 증명되었다. 그러니 따져보면, 나의 어머니 시절부터 사람들이 만들어온 수많은 발효시럽들이 실제로 '효소'라고 불리기 시작한 것은 불과 12년 전의 일이다.

그의 이론을 바탕으로 9년 넘게 독자적으로 실험해온 것이 바로 이 책에 소개하는 나의 효소 제조법이다.

• EM은 효소 발효에 어떤 역할을 할까?

EM은 효소를 배양하기에 가장 최적의 발효 환경을 만들어준다. 원래 과일과 채소가 제대로 발효되려면 이들 재료에 원래 붙어 있는 좋은 미생물의 역할이 중요하다. 그런데 시중에서 파는 과일과 채소는 농약 때문에 이러한 미생물이 죽어 있는 경우가 많다. 그래서 EM을 사용해 미생물을 보충하여 효소의 활성화를 돕는 것이다.

또한 EM을 사용해 발효한 효소는 효소의 역할뿐만 아니라 우리 몸에 좋은 미생물을 장에 공급하는 역할도 한다. EM 자체가 좋은 미생물들의 집합체이기 때문이다.

EM을 쓸지 안 쓸지는 독자들의 선택이다. 절대 강요하려는 의도는 없다. EM이 없다고 해서 효소를 절대 담글 수 없는 것은 아니다. 하지만 EM이 있으면 효소를 더욱 성공적으로 담글 수 있는 것은 사실이다. 또한 인터넷으로 손쉽게 구할 수 있다. 그러니 써보기를 권한다.

요리에 설탕 말고, 효소!

내가 만든 효소의 최종 목표는 요리에 사용하는 것이다. 요리에 효소를 넣는다는 건 한국에서 매우 낯선 방법이다. 효소는 물에 타 먹거나 원액 그대로 마시는 것이라는 생각이 지배적이기 때문이다. '약처럼 꾸준히 마시면 되지, 왜 꼭 요리에 활용해야 하나요?'라고 묻는 사람들도 많다. 하지만 효소를 요리에 사용하면 효소의 영양은 물론 단맛을 내는 설탕의 섭취량도 줄일 수 있고, 효소 재료의 풍부한 맛과 향까지 더할 수 있다. 그냥 효소를 마시는 것보다 훨씬 더 많은 이점이 있는 것이다.

• 설탕의 유혹에서 벗어날 수 있다

요리에는 단맛이 필요할 때가 많다. 이때 몸에 좋지 않은 설탕 대신 효소를 사용하면 건강한 단맛을 낼 수 있다.

• 요리에 영양을 더할 수 있다

효소가 단맛을 가지고 있다고 해서 단순한 설탕의 대체재라고 생각해서는 안 된다. 나는 효소야말로 우리 몸에 필요한 여러 가지 성분을 잔뜩 머금고 있는 슈퍼 푸드라고 주장하고 싶다. 요리에 어떤 효소를 쓰느냐에 따라 원하는 영양을 얻을 수 있다. 예를 들어, 설탕이나 시럽을 쓰면 단맛밖에 못 얻지만, 돼지감자로 만든 효소를 쓰면 당뇨 예방 효과가 있는 이눌린을 함께 얻을 수 있는 것이다.

• 요리에 깊은 맛을 더할 수 있다

효소는 단맛만 가지고 있는 것이 아니다. 감칠맛과 신맛, 쓴맛 등 다양하고 풍부한 맛을 지니고 있다. 때문에 요리에 효소를 활용하면 설탕을 넣었을 때와는 비교도 할 수 없을 정도의 깊은 맛을 낼 수 있다. 요리의 마법사라 해도 손색이 없는 최고의 천연 조미료인 것이다. 기본 소스와 반찬은 물론 파티 요리까지, 효소는 요리에 광범위하게 쓸 수 있다.

• 효소를 즐겁게 먹을 수 있다

효소는 보통 물에 타 먹거나 스무디에 넣어 먹는 것이 전부였다. 때문에 먹는 재미도, 만드는 재미도 없이 금세 질려버리기 일쑤였다. 하지만 요리에 효소를 넣어 먹으면 질릴 일이 없다. 모든 요리에 사용할 수 있으니 기껏 담가놓은 효소를 너무 오래 방치하거나 버릴 일이 없는 것이다.

• 효소를 요리에 넣을 때 주의할 점

첫째, 끓이지 않는다. 효소는 단백질이므로 열을 가하면 변성되거나 분해된다. 나물이나 샐러드 등 차가운 요리에 넣을 때는 상관없지만, 볶거나 끓이는 요리에 사용할 때는 어느 정도 요리가 식었을 때(45℃ 이하) 효소를 넣어야 한다.

둘째, 당뇨가 있는 사람은 주의한다. 내가 만든 효소 역시 설탕이나 꿀을 사용한 것이고, 과일당도 당이기 때문에 지나치면 좋을 것이 없다.

효소 담그기 기초 수업

STEP 1. 준비물 마련하기

❙ 입구가 넓은 유리병 ❙

대개 효소를 담글 때는 과일이나 채소를 1~2kg 정도 사용하고 설탕은 재료와 동량을 사용하거나 약간 적게 사용하므로, 3~4kg들이 유리병이 적절하다. 유리병을 추천하는 이유는 발효 과정을 관찰하기에 좋기 때문이다. 입구가 넓은 것이 재료를 담고 거르기에 편하다. 끓는 물에 소독하여 물기를 싹 말려둘 것.

❙ 입구가 좁은 유리병 ❙

효소를 걸러 담을 병이다. 보통 재료 1kg당 600ml 정도의 효소가 생산되며, 거른 효소는 병의 7~80%만 차게 담아야 하니 감안하여 준비한다. 입구가 좁은 병이어야 하는 이유는 숙성 중 공기 유입을 최소화하기 위해서다. 공기 유입이 너무 많아지면 효소의 신맛이 강해진다. 밀봉이 가능한 뚜껑이 있는 것을 선택한다. 끓는 물에 소독하여 물기를 싹 말려둘 것.

❙ 헝겊과 고무줄 ❙

입구가 넓은 유리병용, 입구가 좁은 유리병용을 각각 준비한다. 병 입구를 둘러 공기가 통하게 하는 역할이다. 병 입구 넓이에 따라 헝겊 대신 커피필터를 사용해도 된다. 고무줄은 탄탄한 것으로 고른다.

| 효소 담글 재료 |

신선하고 상처가 없는 것. 잘 익은 것일수록 좋다.

| 설탕 또는 꿀 |

재료를 발효시키고 저장하며, 균의 먹이로 사용된다.

◇ 설탕 – 백설탕 혹은 오가닉설탕을 선택한다. 둘을 섞어서 써도 좋으며, 어떤 설탕을 써도 발효에는 지장이 없다. 다만 흑설탕은 캐러멜로 색과 향을 낸 것이 많아 사용하지 않는다. 양은 원칙적으로 재료와 1:1이며, 정확한 양은 각 효소 레시피를 참고하도록 한다.

◇ 꿀 – 재료 무게의 40~60%를 사용하며, 정확한 양은 각 효소 레시피를 참고한다.

| EM |

◇ 설탕 – 액체EM은 설탕량의 2%, 가루EM은 1%를 사용한다. 예를 들어 설탕 1kg의 경우 액체EM은 20g(4ts), 가루EM은 10g(3ts)이다.

◇ 꿀 – 액체 EM은 꿀 분량의 1%, 가루EM은 0.5% 사용한다.

STEP 2. 담그기

`DAY 1`

재료를 깨끗이 씻은 후 물기를 싹 말리기

사과나 고추 등 모양이 있는 재료는 키친타월로 닦아 물기를 제거한다. 비름, 참나물, 머위 등 물기를 닦아내기 힘든 재료는 선풍기 바람을 쐬게 하거나 바람이 잘 드는 창가에 둔다.

재료를 적당한 크기로 썰기

자르기는 되도록 재빨리 하여, 자른 면이 오랫동안 공기와 닿지 않게 주의한다.

무게 재기

레시피에 따라 재료와 설탕의 무게를 재서 준비한다. 필요한 재료와 설탕의 무게가 정확해야 제대로 발효가 된다.

유리병에 넣기

설탕에 가루EM을 섞고, 유리병에 재료와 설탕을 켜켜이 담는다. 설탕의 일부는 재료를 덮는 느낌으로 부어 재료가 공기가 닿지 않도록 한다. 꿀을 사용할 경우 재료를 유리병에 넣고 위에 EM을 뿌린 다음 꿀을 부어준다. 액체EM을 사용할 경우, 재료와 설탕 사이에 적당히 뿌린다.

헝겊으로 입구 두르기

헝겊으로 입구를 2겹 둘러 공기가 통하게 한다. 날짜와 재료 무게를 기록한 후 너무 덥지 않은 시원한 곳에 둔다. 24℃ 이상이나 10℃ 이하는 피한다. 사과호박효소처럼 밀봉해 발효시키는 효소도 있으니 각 레시피 참고.

발효시키기

매일 병을 들여다보며 나무 주걱을 사용해 누르거나 병을
기울여 위가 마르지 않도록 적셔준다.

거른 후 숙성시키기

여름에는 5일 후에 거르고, 겨울에는 1주일 후에 거른다.
효소를 거르기 전 병을 살펴보면, 바닥에 가라앉은 설탕-
중간층에 고인 효소액-위에 뜬 재료로 분리되어 있다. 효
소액을 체에 걸러 입구가 좁은 병에 70~80% 정도만 차게
담는다. 입구를 헝겊으로 막아, 그대로 24℃ 이하 어두운
장소에 6개월에서 1년간 숙성시킨다.

STEP 3. 요리에 사용하기

숙성이 완전히 끝나면, 헝겊을 벗기고 제 뚜껑으로 밀봉한
다. 이때부터 요리에 사용할 수 있다. 밀봉 후 더 숙성시켜
야 하는 재료도 있고, 가스가 많이 나오는 재료는 밀봉하
지 않으니 자세한 사항은 각 레시피를 참고한다.

1. 효소로 사용하지 못하는 재료도 있나요?

귤이나 오렌지 등 감귤류 과일은 쓰지 않는다. 산이 너무 많아 효소가 아니라 식초가 되어버린다. 또한 사과, 망고, 배의 경우 씨에 독이 있으니 재료를 손질할 때 들어가지 않게 한다.

2. 발효 중 곰팡이가 보이면 어떻게 하나요?

곰팡이가 보이는 원인은 여러 가지이다. 곰팡이가 재료를 덮듯이 위쪽에 피어 있다면, 상단 재료가 공기에 노출되어 일어난 현상이다. 이 경우는 곰팡이만 살살 걷어낸 후 병을 기울이거나 나무 주걱으로 상단을 눌러 재료가 완전히 잠기게 한다.

반면 재료 전체에 곰팡이가 가득하다면, 이는 재료의 물기를 잘 제거하지 않았거나 병을 소독하지 않아 잡물이 들어간 경우이다. 이 경우는 과감히 효소를 포기해야 한다. 이런 현상은 과일효소보다 채소효소에서 많이 나타난다. 과일에 비해 채소는 손질하기 힘들고 물기를 싹 말리기도 어렵기 때문. 따라서 초보들은 과일효소를 먼저 시도하고 자신이 붙으면 채소효소 만들기를 권한다.

3. 실내온도가 26℃를 넘어가버렸어요!

발효 중 부주의로 실내온도가 26℃를 넘어가버렸다면 4일 내에 걸러야 한다. 특히 여름에는 실내온도를 낮게 유지하기 힘들 수 있는데, 이럴 때는 김치냉장고에 보관하는 방법도 추천한다. 하지만 온도가 10℃ 이하로 떨어지면 발효에 지장을 주니 김치냉장고 온도를 적절히 조절한다.

발효가 끝나 숙성 과정에 있는 효소 역시 실내온도가 중요한데, 이때 주의해야 할 또 한 가지는 바로 공기다. 공기가 지나치게 많이 들어가면 식초가 되고 이는 되돌릴 수 없으니 주의한다.

4. 효소 만들고 난 부산물이 너무 많은데, 아까워서 어떻게 하나요?

절대 버리지 않는다. 믹서에 갈아 바비큐 양념 등 각종 양념으로 만들거나, 간장을 부어 장아찌로 만들 수 있다. 다양한 효소 부산물 활용법은 각 레시피를 참고한다.

5. 효소가 100% 숙성되었는지 여부는 어떻게 알 수 있나요?

눈으로 보면 원재료의 아름다운 색깔이 은은하게 배어나와 있으며, 맛을 보면 원재료의 맛이 고스란히 느껴진다.

가장 명확한 방법은 효소를 작은 병에 80% 정도만 채워 넣은 뒤 마개를 꼭 닫고 실온에 2~3일 두었다가 열어보는 것이다. 그때 병목 주변에 거품이 일거나, 피식 하고 소리가 나면 숙성이 완전히 끝나지 않은 것이다. 100% 숙성이 끝난 효소는 가스가 나오지 않는다. 하지만 가스가 전혀 나오지 않는 효소만을 추구할 필요는 없다. 정해진 기간(6개월~1년) 이상 숙성시켰으면 먹어도 된다.

6. 효소를 너무 많이 담가 주체가 안 돼요.

좋은 재료로 효소를 많이 담글수록 병의 개수가 엄청나게 늘어나 장소를 너무 많이 차지하게 된다. 숙성 과정을 마친 효소끼리 섞어 보관해보자. 좋은 효소를 한꺼번에 먹을 수 있는 장점도 있다. 나는 지금까지 다양한 효소들을 믹스앤매치하여 보관했지만, 서로 섞었을 때 부작용을 일으키거나 독성을 보인 효소는 없었다. 색깔, 맛, 성분이 비슷한 것들끼리 자유롭게 섞어보자. 단, 숙성이 끝난 효소끼리 섞는다.

PART 2

효소 요리의 기초, 천연 양념 만들기

만능가루

평소 육수 내는 데 주로 쓰는 짭짤한 건어물을 믹서에 갈아 양파가루 · 마늘가루를 조금 섞기
만 하면 멋진 천연 조미료를 만들 수 있다. 한번 만들어놓으면 1년이 편할 뿐 아니라 인공 조
미료에 길들여진 가족의 입맛도 바꿀 수 있다.

재료 (500g)

마른 멸치(볶음용) … ½컵
황태 … 2컵
마른 백새우 … 1컵
양파가루 … ¼컵
마늘가루 … ⅛컵

만드는 법

1. 멸치는 내장을 제거하고, 황태는 잘게 찢는다.

2. 멸치, 황태, 백새우를 믹서에 곱게 간다.

3. 2를 체에 쳐서 고운 가루를 내린다.

4. 고운 가루에 시판 양파가루와 마늘가루를 섞어 완성한다.

Tip

• 평소에 쓰고 남은 다시마, 버섯, 사과, 셀러리,
홍합 등을 바싹 말려두었다가 함께 갈아 쓰면 더욱
맛이 풍성해진다. 단, 다시마를 넣으면 색이 진해
지므로 아주 약간만 사용한다.
• 체 위에 남은 굵은 가루는 찌개나 쌈장용으로 쓴다.

1

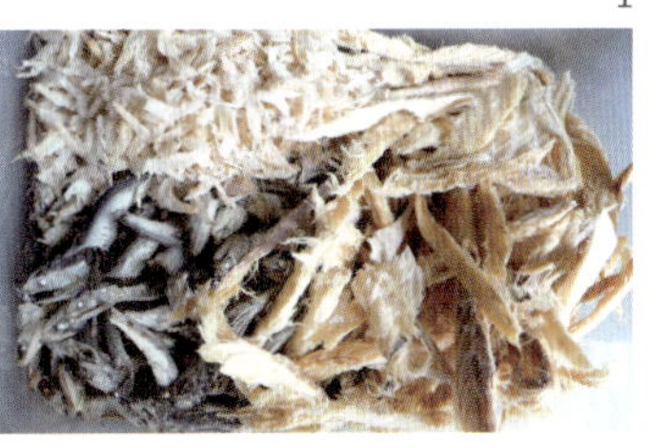

2

3

4

만능맛소금

천일염에 허브를 넣어 갈면 겉절이부터 샐러드에까지 두루 사용할 수 있는 만능소금이 된다.
허브의 재료에 따라 고추, 마늘 · 생강, 후추맛으로 구별하여 만들 수 있다. 스테이크에 뿌려도
되고 찌개의 간도 맞추는 등 각종 요리에 만능으로 쓰인다.

재료 (각 ⅓컵)

천일염 … 1컵
각종 허브 … 약간

▽ **마늘생강맛소금**

건조마늘 … ½TBS
생강 … ½TBS

▽ **고추맛소금**

고추씨 … ½TBS
고춧가루 … ½TBS

▽ **후추맛소금**

통후추알 … ½TBS

만드는 법

1. 천일염을 3등분하여 준비한다.
2. 믹서에 각 재료와 소금을 붓고 곱게 갈아 완성한다.

Tip

• 같은 믹서기에서 세 가지 소금을 한꺼번에 만들 때는 밝은 색깔 재료부터
갈아 만든다. 마늘과 생강 → 고추씨와 고춧가루 → 통후추순.

채소 육수

요리할 때 나오는 채소 자투리를 모아 냉동실에 모아두면 훌륭한 육수 재료가 된다. 거친 배추 겉잎, 사과 껍질, 셀러리, 당근 꽁지, 브로콜리 줄기, 파 뿌리, 생강 자투리, 양파 속껍질, 버섯 대궁, 아스파라거스 밑동 등. 언제든 육수로 활용할 수 있게 미리 씻어서 보관하면 좋다.

재료 (600ml)

채소 자투리 … 2kg
물 … 1L

만드는 법

1. 2kg 용량의 플라스틱 통을 준비하여 냉동실에 두고 채소 자투리가 나오는 대로 담아 얼려둔다.
2. 얼려둔 자투리를 냄비에 넣고 물을 부어 중약불에서 20분 이상 푹 끓인다. 불에서 내리고 식힌 후 체에 받쳐 꼭 눌러 짜듯이 거른다.
3. 요리에 바로 사용하는 것이 가장 좋다. 냉장실에서 2~3일, 냉동실에서 2개월까지 보관 가능하다.

Tip
• 육수 만들고 남은 채소 찌꺼기는 텃밭 퇴비로 쓴다.

고추기름

원래 고추기름은 고춧가루를 식용유에 재웠다가 끓여서 만드는데, 그 과정에서 풍부한 영양 성분이 파괴될 우려가 있다. 올리브오일을 이용하면 끓이지 않고 건강한 고추기름을 만들 수 있다. 짬뽕과 찌개, 특히 순두부에 없어서는 안 될 양념이니 떨어지지 않게 준비하자.

재료 (300ml)

홍고추 … 1컵
올리브오일 … 1+½컵
고춧가루 … ¼컵
마늘 … 1TBS
생강 슬라이스 … ¼컵

만드는 법

1. 홍고추는 잘 씻어 꼭지를 딴다. 고추 윗부분부터 3분의 1가량은 어슷 썰어 고추씨가 노출되도록 한다.

2. 잘게 다진 마늘과 슬라이스한 생강은 키친타월로 닦거나 바람에 잘 말려 물기를 완전히 제거한다.

3. 소독한 병에 홍고추, 마늘, 생강을 담고 올리브오일을 부어준 뒤 뚜껑을 닫아 실온에 그대로 둔다. 이대로 하루에서 1주일 정도 우려낸다.

4. 홍고추, 마늘, 생강을 걸러내고 고춧가루를 풀어준 후, 고운 체에 걸러 다른 병에 담는다. 천일염을 1꼬집 넣어 실온에 보관하거나 냉장 보관한다.

Tip

• 거르고 남은 진한 고춧가루는 두부부침 등의 양념에 쓴다. 고추, 마늘, 생강은 스파게티나 볶음요리에 재사용한다.
• 고춧가루를 푼 후 하룻밤 보관했다가 걸러도 좋다.
• 뜨거운 음식에 사용할 때는 끓을 때 넣지 말고 불에서 내리기 직전 넣어준다.
• 냉장보관하면 기름이 굳어버리므로 쓰기 30분 전에 꺼내둔다.

1

2

3

4

맛간장

간장의 나트륨이 신경 쓰인다면 황태육수를 이용해 간단히 저염 맛간장을 만들 수 있다. 이 과정에서 황태육수도 생기고, 남은 황태머리로는 젓갈도 담글 수 있으니 일석삼조. 이를 '황태 3종 프로젝트'라 부른다.

재료 (720ml)

조선간장 … 1컵
진간장 … ½컵
사과생강효소 … ½컵(48쪽)

▽ **황태육수**(완성 2L, 1컵 사용)
황태머리 … 3개
녹차 … 500ml
생수 … 4L
마른 생강 슬라이스 … 1ts
마른 홍고추 … 2개
다시마 … 1장
마른 과일 껍질 … 1줌

만드는 법

1. 황태머리는 녹차에 20분 담가 잡내를 뺀다.

2. 녹차에서 황태머리를 건져 큰 냄비에 넣고 나머지 황태육수 재료를 모두 넣는다. 중불에서 끓이다가 어느 정도 물이 졸아들면 약불로 줄여 뭉근히 끓여 황태육수를 완성한다.

3. 2의 황태육수를 차갑게 식힌 후 1컵 떠서 조선간장, 진간장, 효소와 섞는다.

Tip

- 황태육수는 넉넉히 만들어두면 콩나물국 끓일 때, 나물을 삶거나 볶을 때 유용하게 사용된다.
- 완성된 맛간장에 장아찌 물을 약간 섞으면 더욱 감칠맛이 난다.
- 맛간장 1컵에 다시마농축액 1ts, 청주에 재워둔 마늘 2~3개, 생강즙 1ts, 효소 1ts를 섞으면 조림간장을 만들 수 있다.

맛간장 응용 레시피
황태머리젓갈

재료

황태머리 … 3개
천일염 … 2TBS
마른 생강 슬라이스 … 1ts
다진 마늘 … 1ts
마른 고추(다진 것) … 1ts

만드는 법

1. 깨끗한 유리항아리에 황태육수 만들고 남은 황태머리와 천일염을 켜켜이 담는다. 그 위에 황태육수에서 건져낸 생강 슬라이스를 올리고 다진 마늘과 마른 고추로 덮어준다. 냉장고에 넣어 보관한다.

머스터드와 초고추장

가을에 잔뜩 사서 냉동실에 얼려둔 감을 활용할 절호의 찬스. 시판 소스를 건강하고 맛있게 만드는 데 사용해보자. 강한 맛을 중화시키고 감칠맛까지 낸다. 모자란 단맛은 건강한 효소로 보충한다.

재료

단감 … 7개
식초 … 1L
다진 생강 … ½컵

▽ **머스터드 (500g)**
시판용 머스터드 … 300g
강황가루 … 2TBS
식초 … 1컵
석류크랜베리효소 … ¼컵(190쪽)
소금 … 약간

▽ **초고추장 (1kg)**
고추장 … 500g
다진 마늘 … 1TBS
고추효소 … 1컵(82쪽)

만드는 법

1. 단감은 잘게 잘라 재료가 잠길 정도의 식초와 분량의 다진 생강과 함께 끓인 다음 믹서에 곱게 갈아 단감생강식초를 만든다.

2. 1의 단감생강식초 중 절반(300g)에 분량의 강황가루와 식초를 섞어 묽기를 조절한 후 시판용 머스터드와 효소를 섞는다. 소금으로 간을 맞춰 머스터드를 완성한다.

3. 남은 단감생강식초(300g)에 고추장과 마늘, 효소를 섞어 초고추장을 완성한다.

> **Tip**
> • 머스터드와 초고추장의 맛과 묽기는 식초와 효소로 조절한다.
> • 취향에 따라 고추장에 시판 핫소스를 ½컵 섞어도 좋다.

명품효소드레싱 2종

샐러드 드레싱을 매번 새로 만들어 쓰기 귀찮을 때는 시판 드레싱을 사고픈 유혹이 생긴다.
하지만 건강에 치명적인 액상과당으로 가득하기 때문에 피해야 한다. 제철 재료로 담근 효소
를 이용해 드레싱을 넉넉히 만들어놓으면 몇 달은 편안히 샐러드를 즐길 수 있다.

재료

▽ 옐로 드레싱 (1컵)

오렌지즙 … ¼컵

식초 … ½컵

돼지감자키위효소 … ¼컵(126쪽)

올리브오일 … ½컵

천일염 … 1~2ts

다진 양파·다진 생강 … ½ts씩

▽ 핑크 드레싱 (1컵)

비트즙 또는 무즙 … ¼컵

식초 … ½컵

딸기효소 … ¼컵(158쪽)

올리브오일 … ½컵

천일염 … 1~2ts

다진 양파·다진 생강 … ½ts씩

만드는 법

1. 각 드레싱 재료를 잘 섞어 완성한다.

> **Tip**
> • 다진 양파와 다진 생강을 가루로 대체할 경우 ¼ts씩 사용한다.

와인과 와인식초

홈메이드 와인을 담그는 이유는 와인 만들 때 나오는 찌꺼기를 활용하여 와인식초까지 만들 수 있기 때문이다. 청포도와 적포도를 이용해 레드와인과 레드와인식초, 화이트와인과 화이트와인식초를 동시에 만들면 좋다.

재료 (750ml)

포도 … 2kg
설탕 … 100g
따뜻한 생수 … ⅛컵
이스트가루 … 1꼬집

▽ 와인식초(600ml)
식초 … 600ml

만드는 법

1. 포도는 줄기째 흐르는 물에 깨끗하게 씻고 물기를 완전히 말린다.

2. 알을 줄기에서 떼어내 설탕과 섞은 뒤 으깬다.

3. 깨끗이 소독한 큰 병에 으깬 포도를 넣고 헝겊 등으로 공기가 통하게 입구를 봉하고 어둡고 차가운 곳에 12시간 둔다.

4. 분량의 따뜻한 생수와 이스트가루를 작은 병에 넣고 잘 섞은 뒤 밀봉하여 12시간 실온에 둔다.

5. 3의 으깬 포도에서 액체만 따라내어 4와 잘 섞은 후 밀봉하여 24시간 실온에 둔다.

6. 남은 으깬 포도에 5의 액체를 다시 붓고 잘 섞어 1주일간 실온에 둔다.

7. 1주일 후 6을 거른다. 즙은 끓는 물에 소독한 와인병에 담고 코르크로 꽉 막아 어둡고 시원한 장소에 둔다. 15일 후, 다시 맑은 윗물만 조심스레 따라내어 소독한 와인병에 옮겨 담고 코르크로 입구를 꽉 막는다. 어둡고 시원한 곳에서 2~3달간 숙성시켜 와인을 완성한다.

8. 7의 포도 찌꺼기에 분량의 식초를 붓고 15일간 둔다. 15일 후 맑은 액만 따라내 다른 병에 담아 와인식초를 완성한다.

> **Tip**
> • 화이트와인식초는 도라지무침 등 하얀 요리에, 레드와인식초는 샐러드나 피클 등 천연 붉은색이 필요한 요리에 쓴다.

효소고추장

성질 급한 사람들을 위해 바로 먹을 수 있는 고추장 담그는 비법을 소개한다. 비결은 물엿 대신 효소를 쓰고 찹쌀풀 대신 효소 찌꺼기를 갈아 넣는 것. 효소는 오묘한 천연 단맛을 제공하는 동시에 천연 방부제 역할도 한다.

재료 (4kg)

엿기름 … 120g
생수 … 1.2L
마른 마늘 슬라이스 … 1컵
석류크랜베리효소 … 5컵(109쪽)
석류크랜베리효소 찌꺼기 … 2컵
메줏가루 … 2컵
고운 고춧가루 … 500g
천일염 … 1컵 반
소주 … 1컵

만드는 법

1. 엿기름에 분량의 생수를 붓고 손으로 문지른 후 하룻밤 실온에 둔다. 다음 날 윗물만 조심스레 따라낸다.

2. 1의 엿기름물에 마른 마늘 슬라이스를 넣고 조금 불린 후 냄비에 붓고 중불에 올린다. 어느 정도 따뜻해지면 약불로 줄이고 2컵 정도로 줄어들 때까지 둔다.

3. 효소 찌꺼기와 2를 섞고, 믹서에 곱게 간다.

4. 3에 효소, 메줏가루, 고춧가루, 천일염을 넣고 잘 젓다가 마지막에 소주를 붓는다.

5. 효소와 소주로 고추장의 묽기를 조절한다. 고추장을 퍼 올렸을 때 5초 후 뚝 하고 떨어지면 적당하다.

6. 숙성이 필요 없으며, 바로 먹을 수 있다. 끓는 물에 소독한 항아리에 담고 천일염으로 덮는다. 두꺼운 헝겊으로 항아리 입구를 막고 뚜껑을 닫아 햇볕 잘 드는 곳에 보관한다. 가끔씩 뚜껑을 열어 햇볕을 쪼인다.

Tip

• 효소 찌꺼기가 없다면 찹쌀풀(찹쌀가루 1컵 반+생수 5컵)을 쑤어 넣는다. 메주가루는 3컵, 효소는 2컵으로 양을 조절한다. 나머지 과정은 동일하다. 다만 6개월간 숙성시켜야 한다.

PART 3

효소 요리 레시피

1. 사과효소

사과호박효소

사과생강효소

배추김치

열무김치

대보름진채, 오곡밥, 귀밝이술

냉이된장국

초록오이피클

참나물잎겉절이와 참나물줄기볶음

오렌지화채와 오렌지젤리떡

사과호박효소

사과를 먹으면 미인이 된다는 말이 있다. 피부가 좋아지고 얼굴색이 살아나니 미인이 된다는 뜻이다. 사과에 풍부한 칼륨은 염분을 배출하고, 구연산과 비타민 C는 피로를 회복시키고 노화를 방지한다. 호박에 많은 카로틴 성분은 암을 예방하고, 레시틴은 치매 예방에 효과가 있는 것으로 알려져 있다.

재료 (600ml)

사과 … 750g
애호박(쥬키니) … 250g
백설탕 … 1kg
가루EM … 3ts

만드는 법

1. 사과와 애호박은 깨끗이 씻어 키친타월로 물기를 닦고 썩은 부분을 도려낸다. 사과는 반으로 잘라 씨를 뺀다.

2. 사과와 애호박을 깍두기 모양으로 썬다. 두 재료를 합쳐 무게 1kg이 되게 맞춘다.

3. 설탕에 가루EM을 섞고, 큰 유리병에 사과와 애호박과 설탕을 켜켜이 담는다. 설탕 중 200g가량은 재료를 덮는 느낌으로 부어 재료에 공기가 닿지 않도록 한다.

4. 뚜껑을 닫아 밀봉하고 날짜와 무게를 기록한 후 너무 덥지 않은 실온에 둔다.

5. 매일 들여다보며, 나무 주걱으로 재료를 살살 눌러 위가 마르지 않게 유지한다. 곰팡이가 보이면 걷어낸다.

6. 5일째 되는 날, 효소액이 형성되어 있는 것을 확인한다.

7. 입구가 좁은 병에 효소액을 거른다. 라벨에 만든 날짜와 효소 이름을 적고, 입구를 헝겊으로 둘러 공기가 통하게 봉한 후 냉장고에 넣는다(1차 효소). 1년간 숙성시켜 완성한다.

8. 6의 과일과 설탕을 잘 섞어 다시 뚜껑을 닫아 너무 덥지 않은 실온에 둔다.

9. 다음 날 다시 효소액을 작은 병에 거른다. 작은 병 입구는 헝겊으로 둘러 공기가 통하게 봉한 후 냉장고에 넣는다(2차 효소). 2차 효소는 바로 요리에 설탕 대신 사용한다.

Tip

• 최종적으로 남은 찌꺼기에 조선간장 500~750ml 정도 부어 1주일 정도 두면 맛있는 진간장이 되는데, 진간장을 따라내고 남은 찌꺼기는 믹서에 갈아 불고기나 바비큐 소스에 쓰면 좋다.

사과생강효소

몸을 따뜻하게 해주는 생강은 강력한 노화방지 식품으로 각광받는 중이다. 생강의 매운맛 성분 중의 하나인 쇼가올(shogaols)이 활성산소를 제거한다고 밝혀졌기 때문이다. 그러니 사과와 생강으로 만든 효소는 노화방지 효소라고 해도 무방하다. 간편하게 끓여 마실 수 있는 사과생강차까지 얻으니 일석이조라 할 수 있다.

재료 (600ml)

사과 … 600g
생강 … 400g
오가닉설탕 … 300g
꿀 … 700g
가루EM … 2ts

만드는 법

1. 사과와 생강은 깨끗이 씻어 타월로 물기를 제거한다. 생강은 편으로 썰고, 사과는 반으로 잘라 씨를 제거하고 편으로 썬다.

2. 설탕과 가루EM을 가볍게 섞고, 큰 유리병에 사과-설탕-생강-설탕순으로 켜켜이 담는다.

3. 가장 마지막에 꿀을 부어 마무리한 후, 병 입구를 헝겊으로 2번 둘러 공기가 통하게 하여 24℃ 이하의 실온에 둔다.

4. 3일째 되는 날, 병을 약간 기울여 재료 위를 촉촉하게 적셔준다.

5. 5일째 되는 날 입구가 좁은 병에 효소액을 거른다.

6. 입구를 헝겊으로 2번 둘러 냉장고에 보관한다. 약 6~9개월 후 요리에 사용하기 시작하는데, 이때부터는 밀봉하여 가스가 차지 않도록 한다.

Tip

• 찌꺼기로 사과생강차를 끓일 수 있다. 그냥 마셔도 좋고, 묵은 나물이나 오이 등 다양한 재료의 냄새를 잡을 때 써도 좋다.

• 오가닉설탕이 없으면 백설탕을 써도 된다.

배추김치

대표적인 발효음식인 배추김치에 효소를 넣어 만들면 발효가 더 잘 될 뿐만 아니라 더욱 깊은 맛을 낸다. 배추는 최소한의 소금과 최소한의 물로 천천히 절이면 더욱 고소하고 아삭거리며, 만드는 방법도 더없이 간단하다.

재료 (2포기)

작은 배추(1.5kg) … 2통
굵은 천일염 … ½~1컵
홍고추 … 4개
갓 … 1줌
쪽파 … 2뿌리
무 … 1개

▽ 양념

다진 마늘 … 1ts
다진 양파 … 1ts
다진 생강 … 1ts
까나리액젓 … 2TBS
사과생강효소 … 2TBS
고춧가루 … ½컵
통깨 … 1TBS

▽ 찹쌀풀

찹쌀가루 … 1TBS
물 … ⅓컵

만드는 법

1. 배추는 깨끗이 씻어 겉잎을 정리한 후 세로로 4쪽을 낸다. 굵은 천일염을 1쪽당 1~2TBS씩 줄기 위주로 뿌린 뒤 뒤집어둔다.

2. 부피가 반으로 줄면 배추가 잠길 정도의 찬물을 부어둔다.

3. 홍고추, 갓, 쪽파는 송송 썬다. 무는 채썰고 자투리는 따로 둔다.

4. 홍고추, 무 자투리, 다진 마늘, 다진 양파, 다진 생강, 까나리액젓, 효소, 찹쌀풀을 믹서에 곱게 간다.

5. 4에 채썬 무, 썰어둔 갓, 쪽파, 고춧가루를 섞어 맛을 본다. 효소로 모자란 간을 조절한 후 잘 버무려 냉장고에 넣어 하룻밤 재운다.

6. 다음 날 아침, 배추에 찬물을 더 부은 후 흔들어 건진다.

7. 냉장고에서 양념을 꺼내 배추 속을 비벼가며 넣어준다.

8. 버무린 배추를 통에 담고 통깨를 뿌린다. 뚜껑을 닫아 너무 덥지 않은 실온에 이틀간 두었다 냉장고로 옮겨 약 2주 후부터 먹기 시작한다.

열무김치

열무김치에 설탕은 절대 금물이다. 국물이 깔끔하지 않고 질척해지기 때문. 단맛을 내기 위해
인공감미료나 매실엑기스를 많이들 사용하는데, 이제부터는 건강에 좋은 효소를 넣어보자.

재료 (3.5L)

열무 … 1단
천일염(절임용) … ½컵
천일염(양념용) … 1꼬집
물(절임용) … 1L+1컵
양파 … ½개
무 … ¼개
사과호박효소 … ¼컵
채소육수 … 4~5컵(31쪽)

▽ 양념

청고추 … 2개
홍고추 … 3개
생강 … 1쪽
다진 마늘 … 1TBS

▽ 찹쌀풀

찹쌀가루 … ⅓컵
물 … 1컵
까나리액젓 … ⅓컵

만드는 법

1. 열무는 떡잎과 상한 겉대를 제거하고 흐르는 물에 씻은 후 약 5~7cm 길이로 자른다. 잎 부분은 자르면 풋내가 나니 뿌리와 줄기 부분까지만 자른다.

2. 큰 양푼에 자른 열무 뿌리와 줄기를 넣고 열무 1줌당 천일염 1TBS 정도씩 살살 뿌려둔다.

3. 약 20분 후 부피가 약간 줄면 물을 1L 붓고 잎을 넣는다. 나머지 천일염을 뿌려 30분간 절인다. 위아래를 뒤집고, 약 20분 더 둔 다음 물을 1컵 더 붓는다.

4. 분량의 물과 찹쌀가루를 잘 섞은 다음 냄비에 넣고 중약불에서 3~4분 정도 휘젓는다. 걸쭉해지면 까나리액젓을 붓고 식혀 찹쌀풀을 만든다.

5. 양파는 슬라이스하고, 무는 납작하게 썬다. 청고추는 잘게 다진다.

6. 양파와 무를 썰며 나온 자투리, 홍고추, 생강, 다진 마늘, 4의 찹쌀풀을 믹서에 투박하게 간다. 여기에 5의 다진 청고추를 섞어 양념을 만든다.

7. 3의 열무를 흐르는 물에 씻은 후 채반에 밭쳐 물기를 빼고 큰 양푼에 담는다. 여기에 5의 양파와 무를 넣고 천일염 1꼬집과 효소를 넣어 살살 버무린다.

8. 7에 6의 양념과 분량의 채소육수를 붓고 긴 젓가락으로 잘 섞어준다.

9. 효소로 모자라는 간을 조절한 후 김치통에 옮겨 담는다. 실온에서 하루나 이틀 숙성시킨 후 냉장보관하고, 1주일이 지나면 먹기 시작한다.

1

4

5

6

7

8

대보름진채, 오곡밥, 귀밝이술

옛 어른들은 대보름 음식을 나눠 먹으면 액땜을 하고 무병장수를 할 수 있다고 믿었다. 나물에 풍부한 식이섬유는 암을 예방하는데, 여기에 사용할 효소 역시 암 예방 효능이 있는 사과 호박효소이다. 시간은 조금 걸릴지 몰라도, 생각만큼 복잡하거나 어렵지 않다.

재료 (4인분)

묵은 나물(마른 고사리·마른 고구마순·마른 취나물·시래기·가지고지·호박고지) … 각 1컵
생나물(콩나물·도라지·무나물) … 각 1컵
채소육수 … 1L 이상(31쪽)
들기름·죽염·조선간장 … 약간씩
맛간장 … 약간(34쪽)
참기름·다진 파 … 약간씩
사과호박효소 … 약간씩
통깨 … 약간씩

▽ 오곡밥
팥 … ½컵
검은콩 … ½컵
멥쌀·찹쌀·차조·찰수수 … 2컵
생수 … 1컵
죽염 … ¼ts

▽ 귀밝이술
청주 … 700ml
아니스 … 1개
진피·오가피·산초·구기자 … 약간씩

만드는 법

1. 팥을 제외한 잡곡들, 묵은 나물들은 충분한 양의 물에 하룻밤 불려 준비한다.

2. 팥은 삶은 뒤 첫물은 버리고 다시 물을 부어 삶는다. 팥과 1의 불린 잡곡을 전기밥솥에 넣는다. 죽염을 녹인 생수를 붓고 밥을 짓는다.

3. 차가운 청주에 아니스, 진피, 오가피, 산초, 구기자를 넣고 1시간 이상 재워 귀밝이술을 만든다.

4. 1의 불린 묵은 나물들은 한 종류씩 냄비에 넣고 적당량의 물과 함께 부드러워질 때까지 끓여준다.

5. 4를 한 종류씩 뚝배기에 옮겨 담고 채소육수를 나물이 절반 정도 잠기게 붓고 약간 졸인다. 여기에 들기름, 죽염, 조선간장+맛간장순으로 넣고 볶아 뚜껑을 닫고 푹 끓인다.

6. 5를 한 종류씩 넓은 팬에 옮겨 담고, 다시 중약불에서 뚜껑을 닫고 부드럽게 익힌다. 참기름, 파, 효소를 넣고 가볍게 무친 후 통깨를 뿌려 묵은 나물을 마무리한다.

7. 생나물들은 한 종류씩 냄비에 넣고, 채소육수를 나물이 절반 정도 잠길 정도로 붓고 약간 졸인다. 들기름, 죽염, 조선간장+맛간장순으로 넣고 볶아 뚜껑을 닫고 푹 끓인 다음 중약불에서 조금 더 익힌 후 꺼낸다. 참기름, 파, 효소를 넣고 가볍게 무친 후 통깨를 뿌려 생나물을 마무리한다.

1

2

3

4

5

7

냉이된장국

봄철에 생각나는 첫 번째 음식이 바로 냉이된장국이다. 그냥 끓여도 맛있지만 효소가 들어가
면 마법처럼 잡내가 사라지고 감칠맛이 살아난다. 밥 한 공기 말아서 뚝딱 해치우기 딱 좋은
국을 끓여보자.

재료 (2인분)

냉이 … 1줌(약 100g)
생수 … 3컵
바지락살 … ¼컵
두부 … ¼모
양파 … 1TBS
대파(흰 부분) … 약간
홍고추 … 약간
된장 … 1+½TBS
고춧가루 … ¼ts
사과호박효소 … ½ts

만드는 법

1. 냉이는 다듬어 깨끗이 씻은 후 뿌리와 잎으로 구분하여 잘라둔다.

2. 뚝배기에 분량의 생수와 바지락살을 넣고 푹 우려내 육수를 만든다.

3. 두부는 깍두기 모양으로 썰고, 양파는 잘게 자른다. 대파와 홍고추는 슬라이스한다.

4. 된장에 고춧가루를 개어 놓는다.

5. 2의 육수에 4의 된장을 넣고 끓이다가 냉이 뿌리-양파-두부-냉이 잎 순으로 넣고 끓인다. 각 재료는 순서대로 1분간 간격을 두어 넣는다.

6. 불을 끄고 조금 식힌 후, 효소를 넣어 마무리한다.

초록오이피클

오이가 많이 나는 초여름에는 오이지나 피클을 담그는 집이 많다. 하지만 저장이 목적인 오이
지는 너무 짜 건강에 해롭고, 피클은 단맛이 강한 데다 장기 보관도 어렵다. 여기 소개하는 초
록오이피클은 소금을 적게 쓰고 설탕 대신 효소를 넣어, 새콤달콤 아삭아삭함과 장기 저장의
장점을 모두 살렸다.

재료 (1.5L)

오이 … 6개
식초(세척용) … 약간
천일염(세척용) … 약간
천일염(절임용) … 4TBS
사과생강효소 … ½컵
마른 고추(다진 것) … 약간
통후추 … 약간

▽ **마늘식초**
마늘 … 1컵
식초 … 2컵

▽ **사과생강차**
사과생강효소 찌꺼기 … ½컵
뜨거운 물 … 2컵

만드는 법

1. 병에 마늘을 넣고 식초를 부은 뒤 1주일 정도 두어 마늘식초를 만들어 둔다.

2. 뜨거운 물에 식초를 붓고 천일염을 푼다. 여기에 오이를 넣고 솔로 잘 씻은 후 찬물에 헹군다.

3. 오이에 포크로 구멍을 적당히 내고 천일염을 3TBS 정도 뿌려둔다.

4. 효소 찌꺼기에 뜨거운 물을 부어 사과생강차를 만든 후 식힌다.

5. 3의 부피가 반으로 줄고 구멍에서 물기가 잘 나오면 적당히 절여진 것이다. 뜨거운 물을 오이가 잠길 정도로 붓고 돌로 누른다. 오이의 힘이 빠지면 건지고, 천일염을 1TBS 더 뿌려 돌로 눌러두었다가 꼭 짠다.

6. 깨끗이 소독한 병에 오이를 눌러 담고, 1의 마늘식초에서 마늘을 건져 오이 틈을 메우듯이 넣는다.

7. 마늘식초, 4의 사과생강차, 효소를 오이가 잠길 정도로 붓고 마른 고추와 통후추를 넣어 마무리한다. 실온에 며칠 두었다가 냉장고로 옮겨 보관하고, 그때부터 먹기 시작한다.

1

2

3

5

6

7

참나물잎겉절이와 참나물줄기볶음

참나물은 피를 맑게 해주며, 고혈압, 중풍, 폐렴, 신경통에 좋다. 섬유질도 풍부해 변비에 효과적이다. 참나물 하나로 향긋하고 아삭한 겉절이와 고소하고 부드러운 들깨볶음을 한번에 만들어보자.

재료 (3~4인분)

참나물 … 1다발
배 … ¼개
양파 … ⅛개

▽ 참나물잎겉절이 양념
다진 마늘 … ¼ts
까나리액젓 … ½TBS
사과호박효소 … 1TBS
고춧가루 … 1TBS
고추장 … 1ts
검정통깨 … 약간

▽ 참나물줄기볶음 양념
들깻가루 … 2TBS
잣 … 약간
채소육수 … 2TBS(31쪽)
식용유 … 약간
간장 … ¼ts
천일염 … 1꼬집
후추 … 1꼬집
검정통깨 … 약간

만드는 법

1. 참나물은 찬물에 씻어서 잎과 줄기를 분리한다. 분량의 배는 2토막낸다.

2. 양파는 반은 슬라이스하고, 반은 잘라둔 배 1토막, 다진 마늘, 까나리액젓, 효소와 함께 믹서에 곱게 간다. 여기에 고춧가루, 고추장, 검정통깨를 넣고 잘 섞어 참나물잎겉절이 양념을 만든다.

3. 참나물 잎에 2의 슬라이스한 양파와 양념을 넣고 버무려 참나물잎겉절이를 완성한다.

4. 끓는 물에 굵은 소금을 넣고 참나물 줄기를 1분간 데친 후 찬물에 헹군다.

5. 믹서에 1의 배, 들깻가루, 잣을 넣고 채소육수를 부어 곱게 갈아 참나물줄기볶음 양념을 만든다.

6. 팬에 식용유를 두르고 참나물 줄기를 넣어 볶다가 5의 양념을 붓고 더 부드럽게 익힌다. 천일염과 후추로 간을 한 후 불을 끄고 검정통깨로 장식하여 참나물줄기볶음을 완성한다.

• 배 대신 사과 또는 키위를 써도 좋고, 없으면 생략 가능하다.
• 줄기에 들깨소스를 더 많이 곁들여 스파게티처럼 즐길 수 있는데, 이때 줄기는 더 부드럽게 삶아야 한다.

1

2

3

4

5

6

오렌지화채와 오렌지젤리떡

효소를 적극적으로 활용할 요리를 생각하다가 개발한 요리. 화채는 시원하고 달콤한 한국의
대표 디저트지만 설탕을 많이 써야 한다. 설탕을 확 줄이고 효소를 쓰면 깔끔하면서 감칠맛이
난다. 화채 만들고 남은 오렌지로 젤리떡을 만들면 버리는 것이 하나도 없다.

재료 (4인분)

오렌지 … 2+½개
소금·식초(세척용) … 약간

▽ 오렌지화채
사과 … 1개
배 … 1개
오가닉설탕 … 2ts
얼음물 … 적당량
생수 … 2컵
사과호박효소 … ½컵
석류 또는 잣 … 7~9알

▽ 오렌지젤리떡
녹말가루 … ⅛컵
쌀가루 … ⅛컵
소금 … 1꼬집
화이트초콜릿(사방 5cm) … 1쪽
슈가파우더 … 약간

만드는 법

1. 오렌지와 사과는 소금과 식초를 푼 뜨거운 물에 담가 솔로 껍질을 박박 문질러 씻은 후 찬물에 헹군다. 배는 깨끗이 씻는다.

2. 오렌지 중 2개는 세로로 4등분하여 겉껍질을 깐 후, 알맹이는 속껍질을 벗겨 그릇에 담고 위에 황설탕을 1꼬집 뿌려둔다.

3. 오렌지 겉껍질은 포를 뜨듯 하얀 안쪽 부분과 노란 바깥 부분을 분리한다. 각각 가늘게 채썬 후 오가닉설탕 ½ts에 버무리고, 배도 가늘게 채썰어 오가닉설탕 ½ts에 버무려둔다. 사과는 채썬 후 오가닉설탕 ½ts 푼 얼음물에 담가둔다.

4. 2에 3의 손질한 재료들을 예쁘게 담는다. 분량의 생수와 효소를 섞어 화채 물을 만들어 붓는다. 석류 또는 잣을 올려 오렌지화채를 완성한다.

5. 오렌지 ½개는 껍질째 곱게 갈아 녹말가루, 쌀가루, 소금과 섞어 소스팬에 담고 중불에서 저으며 익힌다. 송편 반죽 정도의 농도로 맞춘다.

6. 5에 화이트초콜릿을 넣고 적당히 녹여 섞은 후 불을 끄고 완전히 식힌 다음 1ts씩 떠서 동글동글하게 빚는다.

7. 6을 슈가파우더에 굴려 오렌지젤리떡을 완성한다.

Tip

· 장식에 사용한 석류는 석류크랜베리효소 만들고 남은 부산물. 석류크랜베리효소 만드는 방법은 190쪽을 참고한다.
· 오렌지의 양은 크기에 따라 조절한다. 화채 만들고 남은 오렌지로 젤리떡을 만든다고 생각하면 된다.

2

3

4

5

6

7

2. 산채효소

비름참나물머위효소

자색고구마효소

버섯멸치볶음, 파프리카애호박새우젓볶음, 파잎김무침

시금치잡채

상추겉절이

아스파라거스부침개

고추장오이지와 된장풋고추지

비름참나물머위효소

비름은 시력을 좋게 하고 흰머리를 방지하는 데 좋다고 알려져 있다. 참나물은 피를 맑게 하고 고혈압, 중풍, 폐렴, 신경통을 완화한다. 머위는 폐질환과 만성기침과 천식, 가래, 폐결핵 등을 다스리는 데 사용된다. 이 3가지 나물로 담근 효소는 '어른을 위한 효소'인 셈이다.

재료 (1.2L)

비름·참나물·머위 골
고루 섞은 것 … 2kg
백설탕 … 1kg
가루EM … 3ts

만드는 법

1. 비름은 깨끗이 씻어 적당한 크기로 자른 뒤 선풍기 바람으로 물기를 제거한다.

2. 참나물과 머위는 깨끗이 씻어 다듬은 뒤 줄기와 잎을 분리하고 선풍기 바람으로 물기를 제거한다.

3. 설탕과 가루EM을 섞고 유리병에 비름, 참나물 잎, 머위 잎, 설탕순으로 켜켜이 담는다.

4. 참나물 줄기와 머위 줄기로 위를 누르고, 설탕 중 약 200g가량을 재료를 덮는 느낌으로 부어준다.

5. 병 입구에 헝겊을 씌운 다음 고무줄로 둘러 공기가 통하게 한다. 실온에 5일간 둔다.

6. 5일째 되는 날, 체에 걸러 각각 건더기와 효소액으로 분리한다.

7. 깨끗한 유리병에 효소액 거른 것을 담는다. 라벨에 만든 날짜와 효소 이름을 적고, 유리병 입구를 헝겊으로 2번 둘러 공기가 통하게 봉한 후 24℃ 이하의 어두운 곳에 6개월간 둔다.

8. 병을 밀봉해 3개월간 더 숙성시킨 후 요리에 사용한다.

Tip

• 찌꺼기는 버리지 말고 장아찌로 만든다. 69쪽의 자색고구마효소 Tip 참고.

자색고구마효소

자색고구마 줄기는 붉은빛을 띠는데, 이는 안토시아닌 성분이 풍부하기 때문이다. 안토시아닌은 각종 항산화제들 중에서도 가장 강력한 노화방지 효과가 있다고 알려져 있다. 또한 비타민 A·C·E 등이 풍부해 천연 종합비타민제와도 같다. 이들 비타민은 뿌리인 고구마보다 줄기와 잎에 훨씬 더 많다. 줄기와 잎을 효소로 담가야 할 이유다.

재료 (1.2L)

자색고구마 줄기 … 2단
백설탕 … 1kg
가루EM … 3ts

만드는 법

1. 자색고구마 줄기는 깨끗이 씻고 줄기와 잎을 분리하여 선풍기 바람에 말려 물기를 제거한다.

2. 줄기와 잎을 적당한 크기로 자른 후 2kg으로 무게를 맞춘다.

3. 설탕에 가루EM을 섞고, 깨끗한 유리병에 자색고구마 잎과 설탕을 켜켜이 넣는다. 줄기로 위를 눌러준 뒤 200g가량의 설탕은 재료를 덮는 느낌으로 부어준다.

4. 입구를 헝겊으로 씌우고 고무줄로 둘러 공기가 통하게 한다. 실온에 5일간 둔다.

5. 5일째 되는 날, 체에 걸러 각각 건더기와 액체로 분리한다.

6. 입구가 좁은 유리병에 액체 거른 것을 약 70%만 담아, 헝겊으로 2번 둘러 공기가 통하게 하여 24℃ 이하의 어두운 곳에 6개월간 둔다.

7. 입구를 밀봉하여 3개월간 더 숙성시킨 후 요리에 설탕 대신 사용한다.

Tip

• 찌꺼기는 버리지 말고 장아찌로 만든다. 66쪽의 비름참나물머위효소 찌꺼기와 합쳐(총 4kg) 병에 담는다. 여기에 진간장 500ml, 조선간장 200ml, 스파클링와인 750ml를 재료가 잠기게 부어주면 완성.

버섯멸치볶음,
파프리카애호박새우젓볶음, 파잎김무침

채소는 신선도를 고려해 상하기 쉬운 채소순으로 먹어줘야 한다. 당근처럼 1달을 두어도 거뜬한 게 있는가 하면, 빨리 시들거나 고약한 냄새를 풍기는 것들이 있다. 그 대표적인 것이 버섯, 파프리카, 파 잎이다. 이 상하기 쉬운 채소 3종을 효소를 이용해 한꺼번에 품절시켜보자.

재료 (각 3~4인분)

▽ 버섯멸치볶음

버섯 슬라이스 … 2컵
멸치 … 1컵
식용유 … 1TBS
간장 … 1ts
꿀 … 1TBS
산채효소 … 1ts
통깨 … 약간

▽ 파프리카애호박새우젓볶음

파프리카(자른 것) … 2컵
애호박 … 1개
식용유 … 1TBS
다진 마늘 … ½ts
새우젓 … ½ts
산채효소 … 1ts
참기름·통깨·후추 … 약간씩

▽ 파잎김무침

파 잎 … 1줌
물 … 1TBS
다진 양파 … ¼컵
다진 마늘 … ½ts
식용유 … 1ts
통깨 … 약간
산채효소 … 1ts
조미김 … 10장

만드는 법

1. 버섯은 줄기를 떼어내고 갓 부분을 슬라이스한 후, 달군 팬에 기름 없이 저온에서 꾸덕하게 말린다.

2. 멸치를 마른 팬에 넣고 바삭하게 볶은 후 팬 구석으로 밀어둔다. 남는 자리에 식용유, 간장, 꿀을 넣고 중약불에 두어 끓어오르면 버섯 슬라이스를 넣고 멸치와 함께 섞어 윤기 나게 볶아낸다. 불을 끄고 효소를 두른 후 통깨를 뿌려 버섯멸치볶음을 완성한다.

3. 파프리카는 씨를 도려낸 후 작게 썰고, 애호박은 반달 모양으로 썬다.

4. 깨끗한 팬에 식용유를 두르고 다진 마늘을 넣고 볶는다. 여기에 애호박과 새우젓을 넣고 살짝 익히다가 파프리카를 넣고 볶는다. 불을 끄고 효소, 참기름, 통깨, 후추로 마무리하여 파프리카애호박새우젓볶음을 완성한다.

5. 파는 깨끗이 다듬고 잎 부분만 적당한 길이로 손질한다. 깨끗한 팬에 분량의 물을 넣고 끓인 후 파 잎을 넣고 뚜껑을 잠깐 닫았다가 열어 파랗게 데친다.

6. 팬에 남은 물기를 따라내고 파 잎을 팬 구석으로 밀어둔다. 남는 자리에 식용유를 두른 후 다진 양파와 다진 마늘을 넣고 볶는다.

7. 불을 끄고 효소와 통깨를 뿌린 후, 조미김을 길게 잘라 넣고 재빨리 무쳐내 파잎김무침을 완성한다.

> **Tip**
> • 비름참나물머위효소 혹은 자색고구마효소 중 어떤 것을 써도 무방하다. 원하는 맛과 효능에 따라 자유롭게 사용하면 된다.
> • 버섯 줄기, 파 줄기, 파프리카의 씨 부분은 김치 양념 등 다른 요리에 유용하게 쓰이니 잘 보관한다.

1

2

4

5

6

7

시금치잡채

시금치가 재료의 반 이상을 차지하는 잡채. 데치는 방법을 달리하면 시금치의 비타민 A와 비타민 C를 그대로 살릴 수 있고, 설탕 대신 효소를 넣으면 칼로리를 확 줄일 수 있다. 다이어트를 하는 사람이 꼭 잡채를 먹고 싶을 때 만들어 먹을 만하다.

재료 (4인분)

시금치 ··· 500g
고구마전분당면 ··· 200g
송이버섯 ··· 5개
양파 ··· ¼개
당근 ··· 약간
마늘 ··· 2쪽
식용유 ··· 3ts
천일염 ··· ½ts
조선간장 ··· ½TBS
후추 ··· 약간
자색고구마효소 ··· ½TBS
참기름 ··· 1ts
통깨 ··· ½ts

만드는 법

1. 깨끗하게 다듬은 시금치를 큰 양푼에 담아 싱크대에 놓고, 팔팔 끓인 소금물을 부어 살짝 데친다. 시금치를 나무젓가락으로 건져 찬물에 헹구고 물기를 꼭 짠다.

2. 1의 시금치 데친 소금물을 큰 냄비에 붓고 센불에 둔다. 끓어오르면 당면을 넣고 약 5분 정도 삶은 후 찬물에 헹귀준다. 물기를 뺀 후 먹기 좋게 잘라준다.

3. 송이버섯과 양파는 슬라이스하고, 당근은 채썰고, 마늘은 다진다. 팬을 달구고 식용유를 두른 후 중불에서 마늘-양파-버섯-당근순으로 볶아낸다. 천일염으로 간하고 그릇에 옮겨 담아 식힌다.

4. 같은 팬에 식용유를 약간 더 두르고 2의 당면을 넣고 볶다가, 조선간장을 넣고 조금 더 윤기 나게 볶아준 다음 불을 줄이고 효소를 두른다.

5. 1의 시금치와 4의 당면을 넣고 잘 버무린 다음 천일염으로 간한다.

6. 5에 손질한 채소들을 모두 넣고 섞어준다. 참기름과 통깨를 넣고 손으로 잘 버무린다.

상추겉절이

맛있고 푸짐한 쌈밥상의 필수요소이지만, 쌈밥상에서 말 그대로 '겉절이'로 취급되는 이 요리.
효소를 사용해 식탁 주연으로 만들어보자. 설탕 대신 효소 한 숟갈만 넣어도 살짝 쌉쌀하면서
도 입에 착 붙는 겉절이가 된다.

재료 (2인분)

꽃상추 … 2포기
양파 … ½개
식초 … 약간
굵은 소금 … 약간

▽ 효소양념장
조선간장 … ⅛컵
맛간장 … ⅛컵(34쪽)
비름참나물머위효소 … 1TBS
포도식초 … 1TBS
다진 생강 … ½ts
다진 마늘 … ½ts
통깨 … ½TBS
참기름 … 1ts

만드는 법

1. 뜨거운 물에 식초와 굵은 소금을 풀고, 상추를 통째로 아주 잠깐 담근다.

2. 1의 상추를 찬물에 깨끗이 헹궈낸 후 속심은 떼어내고 겉대를 겉절이에 활용한다.

3. 양파는 얇게 슬라이스한다.

4. 효소양념장 재료를 모두 섞어 효소양념장을 만든다.

5. 큰 볼에 상추와 양파를 넣고 효소양념장을 적당히 뿌린 후 뒤섞는다.

Tip

• 남은 효소양념장을 파채에 끼얹어 파채겉절이를 만들어도 좋다. 단, 파채는 숨이 빨리 죽으므로 효소양념장은 상에 내기 직전에 끼얹는다.
• 상추겉절이와 함께 쌈밥상을 차릴 때 강된장을 끓여 상에 올리면 좋다. 레시피는 122쪽 참고.

1

2

3

4

5

아스파라거스부침개

아스파라거스에는 거의 농약을 치지 않는다. 이유는 간단한데, 해충이 아스파라거스를 좋아하지 않기 때문. 그래서 마트에서 구입할 때 마음이 편안한 채소 중 하나이다. 이런 아스파라거스로 파전처럼 부침개를 만들 수 있다. 피로회복 효능이 있는 아스파라거스부침개에 비타민이 가득한 효소간장소스를 곁들이면 완벽한 건강 부침개가 완성된다.

재료 (2장)

아스파라거스 … 6줄기
홍합 … 6-8개
굵은 고춧가루 … 약간
소금 … 1꼬집
후추 … 약간
식용유 … 2TBS

▽ 부침개반죽

부침가루 … ⅓컵
달걀 … 1개
얼음물 … ⅓컵
강황가루 … ⅛ts

▽ 효소간장
맛간장 … ½TBS(34쪽)
식초 … ½ts
자색고구마효소 … 1ts
통깨 … 약간
다진 파 … 약간

만드는 법

1. 아스파라거스는 세로로 가른다.

2. 1의 아스파라거스에 굵은 고춧가루, 소금, 후추를 뿌려둔다.

3. 홍합은 손질하여 잘게 잘라둔다. 내장을 따로 빼내면 더욱 좋다.

4. 큰 볼에 부침개반죽 재료를 넣고 잘 섞어준다.

5. 강불에서 팬을 달구고 분량의 식용유를 뿌린 후, 아스파라거스를 가지런히 깔고 그 위에 부침개반죽을 붓는다.

6. 홍합을 보기 좋게 올리고 가장자리가 익을 때까지 중불에서 약 4분 정도 기다렸다가 뒤집어 익힌다. 효소간장과 함께 상에 낸다.

Tip

- 홍합을 반죽에 섞으면 해물이 반죽에 다 숨어버려 모양이 나지 않는다.
- 부침개를 뒤집을 때 뒤집개 2개를 사용하면 찢어지지 않는다. 우선 약간 넙적한 나무 주걱으로 공간을 만들고, 그 사이로 아주 넙적한 뒤집개를 집어넣어 빠르게 뒤집는다.

1

2

3

4

5

6

고추장오이지와 된장풋고추지

오이와 풋고추는 가장 만만하게 먹을 수 있는 채소이지만, 쉽게 썩어버려 많이 샀다간 낭패를 보기 일쑤다. 하지만 효소를 사용하면 오이와 풋고추 본래의 아삭함과 색이 살아 있는, 효소 반찬을 만들 수 있다. 입맛 없을 때, 마땅히 먹을 반찬이 없을 때 꺼내 먹을 수 있는 초간단 밥도둑을 소개한다.

재료 (각 1L)

▽ 고추장오이지

오이 … 5개
고추장 … ½컵
비름참나물머위효소 … 3TBS
참기름 … 2TBS
통깨 … 적당량

▽ 된장풋고추지

풋고추 … 15개
된장 … ½컵
비름참나물머위효소 … 3TBS
참기름 … 2TBS
통깨 … 적당량

▽ 물(세척용)

뜨거운 물 … 2L
식초·소금 … 약간

만드는 법

1. 뜨거운 물에 식초와 소금을 풀고, 오이와 풋고추를 5분간 담갔다가 솔로 문질러 씻는다. 찬물에 헹구어 물기를 제거한다.

2. 오이는 꼭지 부분을 잘라내고 반으로 갈라 잘라낸 단면에 고추장을 바른다. 고추장 바른 부분이 위를 보게 유리통에 담는다. 오이 위에 고추장을 바른 후 효소를 뿌리고 뚜껑을 꼭 닫는다.

3. 풋고추는 꼭지를 잘라낸 후 유리통에 담는다. 그 위를 된장으로 덮고 효소를 뿌린 후 뚜껑을 꼭 덮는다.

4. 2와 3을 1주일간 냉장고에 넣어 숙성시킨다. 가끔 열어 고추장과 된장을 추가로 발라 겉이 마르지 않게 한다.

5. 1주일 후 오이를 담은 유리통을 살펴보면 바닥에 물이 고여 있는데, 조심스레 따라낸다.

6. 각 반찬통에 참기름과 통깨를 뿌려 마무리한다.

> **Tip**
> • 과정 5의 오이에서 따라낸 물은 버리지 말고 된장찌개에 쓰면 좋다.
> • 참기름은 먹기 직전 뿌려도 좋다.

3. 고추효소

고추효소

칠리고추장아찌 2종

대구매운탕

칠리고추불닭과 레몬꿀구이

길쭉무채와 납작무절임

즉석순두부찌개

오이소박이

고추효소

고추 하면 모두 캡사이신을 떠올린다. 캡사이신은 식욕을 증진시키며 위액 분비를 증가시켜 소화불량을 해소한다. 또한 몸의 신진대사를 활발하게 해서 지방을 태우는 효능이 있다. 오래 두고 먹기 힘든 대표적인 채소인 고추로 '다이어트 시럽'을 만들어보자. 고추에 포함된 엄청난 양의 비타민 C 까지 오롯이 섭취할 수 있다.

재료 (1.5L)

고추 … 2kg
백설탕 … 1.8kg
오가닉설탕 … 0.2kg
가루EM … 6ts

만드는 법

1. 고추를 깨끗이 씻어 물기를 제거한 후 잘게 썬다. 풋고추, 할라피뇨 등 종류는 가리지 않으며 피망을 사용해도 된다.

2. 백설탕과 가루EM을 가볍게 섞어둔다. 유리병은 끓는 물에 소독한 다음 물기를 완전히 말린다. 유리병에 고추와 백설탕을 켜켜이 담는다.

3. 가장 위를 오가닉설탕으로 빈틈없이 덮어준다. 병 입구를 헝겊으로 2번 둘러 공기가 통하게 하여 24℃ 이하의 실온에 둔다.

4. 자주 들여다보며, 가장 위쪽이 마르지 않도록 병을 약간 기울이거나 나무 주걱으로 눌러 촉촉하게 적셔준다. 곰팡이가 보이면 걷어낸다.

5. 5일째 되는 날, 녹지 않은 설탕 위에 효소액이 형성되어 있는 것을 확인한다.

6. 입구가 좁은 병에 효소액을 거른다.

7. 라벨에 만든 날짜와 효소 이름을 적고, 병 입구를 헝겊으로 둘러 공기가 통하게 봉한 후 24℃ 이하 덥지 않은 실온에 보관한다.

8. 6개월 후에 요리에 사용하기 시작한다. 이때부터 입구를 밀봉하여 보관한다.

Tip

• 고추효소 만들고 남은 찌꺼기에 식초, 조선간장, 양조간장을 2:1:1의 비율로 섞어 부어주면 간단히 고추장아찌를 만들 수 있다. 장아찌를 다 먹고 남은 간장물은 또다시 맛간장으로 활용 가능하다.
• 오가닉설탕이 없으면 백설탕을 써도 된다.

칠리고추장아찌 2종

고추장아찌는 만들기가 여간 번거로운 게 아니다. 절임물을 붓고 며칠 뒤에 다시 따라내 끓여서 또 붓고…. 이런 번거로움을 어떻게 피할 수 있을까. 결론은, 효소를 사용하고 피클 조리법을 응용하는 것이다. 이 레시피대로 하면 완성 후 바로 먹을 수 있는 고추장아찌를 만드는 데 하루, 길어도 이틀이면 충분하다.

재료

▽ 통고추장아찌 (1L)

칠리고추 … 4컵
식초 … 400ml
맛간장 … 300ml(34쪽)
조선간장 … 50ml
고추효소 … 250ml
끓는 물 … 2컵
천일염 … 4TBS

▽ 송송썬고추장아찌 (500ml)

칠리고추 … 2컵
식초 … 200ml
맛간장 … 100ml(34쪽)
진간장 … 100ml
고추효소 … 100ml

만드는 법

1. 칠리고추는 깨끗이 씻어 잔류농약을 제거한다.

2. 칠리고추 4컵은 깨끗한 병에 담는다. 여기에 천일염을 녹인 끓는물을 부어준 후 돌로 눌러 뚜껑을 덮고 실온에서 하루나 이틀 정도 삭힌다.

3. 칠리고추 2컵은 송송 썰어 깨끗한 병에 담는다.

4. 3에 분량의 식초, 맛간장, 진간장, 효소를 부어 송송썬고추장아찌를 완성한다. 완성 후 바로 먹을 수 있으며, 너무 덥지 않은 차가운 곳에 보관한다.

5. 하루나 이틀 후, 2의 절임 상태를 확인한 후 소금물을 따라낸다.

6. 5에 분량의 식초, 맛간장, 조선간장, 효소를 병에 부어 통고추장아찌를 완성한다. 완성 후 바로 먹을 수 있으며, 너무 덥지 않은 차가운 곳에 보관한다.

> **Tip**
> - 칠리고추는 풋고추나 청양고추 등으로 바꿔도 좋다.
> - 간장과 식초의 비율은 식성대로 조절 가능하다.
> - 통고추 꼭지 주변에 살짝 칼집을 넣으면 더 잘 절여진다.
> - 장아찌를 다 먹고 난 후 남은 절임물은 나중에 다른 장아찌나 피클을 만들 때 또 사용할 수 있다.

대구매운탕

시원한 대구매운탕을 만들려면 먼저 무를 끓이고 나서 생선을 넣어야 한다. 또한 고추장을 쓰지 않아야 빛깔 좋고 개운한 국물이 나온다. 마지막에 고추효소를 몇 방울 넣으면 톡 쏘는 매운맛과 감칠맛이 나는 탕이 완성된다.

재료 (2인분)

생대구 … 1마리
무 … 4쪽
두부 … ¼모
양파 … ¼개
풋고추 … ½개
홍고추 … ½개
대파 … ½뿌리
애호박 … ¼개
쑥갓 또는 미나리 … 약간
채소육수 또는 생수 … 1컵(31쪽)
소금 … 약간
고추효소 … ½ts

▽ 양념
홍고추 … 3개
생강즙 … 1ts
다진 마늘 … 1ts
맛술 … 1ts
조선간장 … ½TBS
고춧가루 … 1TBS

만드는 법

1. 무와 두부는 납작하게 썰고, 양파는 슬라이스한다. 풋고추·홍고추·대파는 어슷썰고, 애호박은 반달 모양으로 썬다.

2. 고춧가루를 제외한 양념 재료를 모두 믹서에 넣고 곱게 간 후 고춧가루를 섞어준다.

3. 냄비에 채소육수를 붓고 무를 먼저 넣어 한소끔 끓인다.

4. 3에 손질한 대구를 넣고 중강불에서 한소끔 끓인다. 거품이 생기면 건어낸다.

5. 양파·애호박·풋고추·홍고추·두부를 보기 좋게 둘러 담는다.

6. 2의 양념을 풀고 불을 끈다. 소금으로 간을 맞춘 후 효소를 두른다. 쑥갓을 올려 완성한다.

> **Tip**
> • 대파는 쪽파 2뿌리로 대체 가능하다.

칠리고추불닭과 레몬꿀구이

고추의 캡사이신은 열을 내는 효과가 있어 다이어트 요리에 많이 쓰인다. 다이어트 효능을 더
하기 위해 매운 칠리고추와 고추효소를 사용한다. 달콤한 레몬꿀구이를 곁들여 매울 때 조금
씩 빨아 먹으면 입안이 개운해진다. 입안에서만 불이 나고 속은 버리지 않는다.

재료 (2인분)

닭허벅지살 … 7조각
올리브오일 … 4TBS
조선간장 … 1ts
고추효소 … 1ts
소금·후추 … 약간

▽ 레몬꿀구이
레몬 … 1개
꿀 … 3TBS
올리브오일 … 약간

▽ 꿀마늘
마늘 슬라이스 … 3TBS
꿀 … 적당량

▽ 올리브오일칠리고추
칠리고추 … 4TBS
올리브오일 … 적당량

만드는 법

1. 칠리고추는 씨를 빼 올리브오일에 담그고, 마늘 슬라이스는 꿀에 담가 둔다.

2. 레몬은 슬라이스하여 꿀을 바른 후, 올리브오일을 약간 두른 팬에 구워내 접시에 올린다.

3. 닭허벅지살은 물에 씻어 껍질을 벗긴 후 살에 붙은 지방을 가위로 꼼꼼히 제거한다.

4. 팔팔 끓는 물에 레몬 꼬투리와 닭허벅지살을 넣어 3분 정도 삶는다.

5. 닭허벅지살을 소쿠리에 밭쳐 물기를 빼고 소금, 후추로 밑간을 해둔다.

6. 2의 팬에 1의 칠리고추, 꿀마늘, 올리브오일, 조선간장을 넣고 끓인다.

7. 6에 닭허벅지살을 넣고 뚜껑을 닫고 익히다가, 한 번 뒤집은 후 다시 뚜껑을 닫아 익힌다.

8. 닭을 건져내고 팬에 남은 소스를 졸인 후 불을 끈다. 효소를 두른 후 도로 닭을 넣고 무쳐내 2의 접시에 올려 완성한다.

Tip
• 올리브오일칠리고추와 꿀마늘을 평소에 많이 만들어놓으면 온갖 요리에 두루두루 잘 쓰인다.

길쭉무채와 납작무절임

아무 반찬 없이 밥 위에 척 얹어 먹기 좋은 길쭉무채는 비빔밥에 꼭 필요한 '필수 아이템'이다. 피클 레시피를 활용한 상큼한 납작무절임은 동치미와 피클 사이 어디쯤에 있는 맛으로, 냉면 집에서 먹는 무절임과 비교가 되지 않는다. 고추효소를 쓰면 특유의 매콤함이 입맛을 돋운다.

재료

무 … 2개
천일염 … 2TBS
쪽파 … 3뿌리
풋고추 … 2~3개
통깨 … 약간

▽ 길쭉무채용 양념
고운 고춧가루 … 1TBS
고추효소 … 1TBS
무즙 … ¼컵
양파즙 … ¼컵
까나리액젓 … ½TBS

▽ 납작무절임용 절임물
무즙 … ¼컵
고추효소 … ¼컵
채소육수 또는 생수 … ⅔컵(31쪽)
사과식초 … 2TBS
홍고추 … ¼ts
마늘채 … ¼ts
생강채 … ¼ts

만드는 법

1. 무는 깨끗이 씻어 잔털과 홈집을 깎아내고 세로로 자른다. 반은 길쭉하게, 반은 납작하게 썬다. 남은 무 자투리는 길쭉무채용 양념 재료와 함께 믹서에 곱게 간다.

2. 1의 무에 천일염을 1TBS씩 뿌려 절인다. 절인 무에서 물이 많이 나오면 다 절여진 것으로, 무에서 나온 물은 따로 그릇에 따라둔다.

3. 쪽파는 줄기 부분을 5cm 길이로 자르고, 잎 부분은 송송 썰어둔다. 풋고추는 세로로 칼집을 넣고 소금 1꼬집 정도 뿌린 후 2의 물에 넣어 숨을 약간 죽인다.

4. 절인 길쭉무채에 고운 고춧가루를 먼저 넣어 염색하듯 무친다.

5. 4에 나머지 길쭉무채용 양념 재료를 넣고 잘 무친 후, 3의 송송 썬 쪽파 잎을 넣고 젓가락으로 살살 섞어 길쭉무채를 완성한다.

6. 절인 납작무를 유리그릇에 담고 3의 풋고추와 쪽파 줄기를 올린다. 납작무절임용 절임물 재료를 전부 섞어 붓고, 2의 물로 간을 맞춘다.

7. 풋고추와 파가 아래로 가도록 뒤집어주고 반나절 실온에서 익혀 납작무절임을 완성한다. 다 익으면 냉장고에 보관한다.

1

Tip
• 납작무절임에 들어가는 홍고추 씨는 천연 방부제 역할을 한다.

2

3

4

5

6

7

즉석순두부찌개

순두부는 없고 두부만 있는데 얼큰하고 칼칼한 순두부찌개가 먹고 싶다면? 두부와 달걀로 즉석 순두부를 만들어보자. 국물은 두유처럼 뽀얗고 구수하며, 고추효소가 들어가 별다른 양념을 하지 않아도 맛있다. 최소한의 재료만으로 순두부찌개를 끓이는 법을 소개한다.

재료 (2인분)

두부 … ½모
달걀 … 1개
물(즉석순두부용) … ½컵
물(국물용) … 1컵
만능가루 … 약간(28쪽)
쪽파 … 약간
소금 … ¼ts
고춧가루 … 약간
고추기름 … 1TBS(32쪽)
고추효소 … ½ts
통깨 … 약간

만드는 법

1. 두부, 달걀, 물을 믹서에 넣고 곱게 갈아준다.

2. 뚝배기에 물과 만능가루를 넣고 팔팔 끓인다.

3. 1의 즉석순두부를 뚝배기에 붓고 중강불에서 나무 수저로 바닥을 긁어가며 저어준다.

4. 송송 썬 쪽파와 소금을 넣어준다.

5. 약간 빡빡하게 응고가 되면 뚜껑을 닫고 불을 끈다.

6. 약 3분 후 열어서 고춧가루, 고추기름, 효소, 통깨를 넣고 잘 저어 마무리한다.

> Tip
> • 순두부찌개의 핵심은 고추기름에 있다. 순두부와 떼려야 뗄 수 없는 바늘과 실과 같은 것이기에 떨어지면 바로 만들어두는 것이 좋다.

오이소박이

고추효소가 들어간 특별한 오이소박이. 효소의 단맛과 매운맛이 자칫 짜기만 할 수 있는 오이
소박이의 맛을 잘 잡아준다. 한편 칼집을 내는 방법도 남달라 오이 속을 넣을 공간이 많아져
쉽고 간편하게 속을 넣을 수 있다.

재료 (2kg)

오이 … 3~4개
부추 … 100g
뜨거운 물 … 5컵
굵은 천일염 … ¼컵

▽ 양념

홍고추 … 1개
흰밥 … 1TBS
까나리액젓 … ¼컵
고추효소 … 2TBS
새우젓 … ¼ts
다진 마늘 … ¼ts
다진 생강 … ¼ts
고춧가루 … 3TBS

만드는 법

1. 오이는 깨끗이 씻어 끝을 잘라낸 후, 양끝 1~2cm만 남기고 오이를 돌려가며 세로로 길게 4군데 칼집을 넣는다.

2. 납작한 통에 오이를 담는다. 여기에 굵은 천일염을 녹인 뜨거운 물을 부은 후 돌로 눌러 약 30분간 둔다.

3. 부추는 다듬어 깨끗이 씻는다. 물기를 제거한 후 5mm 정도로 잘게 썰어 준비한다.

4. 고춧가루를 제외한 양념 재료를 모두 믹서에 넣고 간다. 여기에 고춧가루와 부추를 섞어 소를 만든다.

5. 2를 건져서 하나씩 물기를 살짝 짠 후, 젓가락을 사용해 소를 칼집에 쏙쏙 넣어준다.

6. 김치통에 담아 실온에 하루 두었다가 다음 날 냉장고에 넣는다. 냉장고에 넣은 후 바로 먹을 수 있다.

Tip

• 파프리카 반 개를 채썰어 레몬즙 1ts, 소금 1꼬집을 뿌려 절인 후 물기를 꼭 짜서 오이에 넣어도 된다. 파프리카는 아삭함을 더하고, 레몬즙은 오이에 들어 있는 아스코르비나아제를 억제해 비타민 C의 파괴를 막는다.

1

2

3

4

5

6

4. 호박효소

호박효소

꽈리고추멸치볶음

닭가슴살고추장주물럭과 브로콜리밥

두부구이

효소초밥과 생선회

호박효소

호박에 풍부한 칼륨은 몸의 붓기를 빼준다. 베타카로틴, 비타민 C, 레시틴은 항산화작용을 하며 호박씨에는 비타민 E와 불포화지방산이 풍부하다. 껍질부터 씨까지 버릴 것이 하나도 없는 호박, 잘 먹는 법은 없을까? 답은 효소로 담그는 것.

재료 (2kg)

늙은 호박 … 2kg
백설탕 … 2kg
가루EM … 6ts

만드는 법

1. 늙은 호박은 껍질을 솔로 문질러 잘 씻고 반으로 갈라 씨를 뺀다. 씨는 버리지 말고 깨끗한 용기에 담아 냉장고에 넣어둔다.

2. 다듬은 늙은 호박을 깍두기 모양으로 썬다.

3. 설탕에 가루EM을 섞고, 소독한 큰 유리병에 호박과 설탕을 켜켜이 담는다. 설탕 중 200g가량은 재료를 덮는 느낌으로 부어 호박에 공기가 닿지 않도록 한다. 헝겊으로 입구를 2번 둘러 공기가 통하게 하고, 날짜와 재료 무게를 기록한 후 너무 덥지 않은 시원한 곳에 둔다.

4. 이틀째부터는 나무 주걱을 사용해 누르거나 병을 기울여 위가 마르지 않게 적셔준다.

5. 5일 후, 중간층에 고인 효소액을 체에 걸러 입구가 좁은 병에 담는다. 입구를 헝겊으로 2번 둘러 그대로 집 안의 시원한 곳에 둔다(1차 효소). 6개월 정도 발효시킨 후 뚜껑을 밀봉하여 3개월 더 숙성시켜 요리에 쓴다.

6. 큰 유리병에 남아 있는 호박과 설탕을 잘 섞어준 뒤 다시 뚜껑을 닫아 너무 덥지 않은 실온에 둔다.

7. 3일 후, 맑은 물을 다시 작은 병에 거른다(2차 효소). 작은 병 입구는 헝겊으로 2번 둘러 냉장고에 보관하고, 바로 요리에 설탕 대신 사용 가능하다.

Tip

• 효소 찌꺼기로 퓨레를 만들 수 있다. 효소를 거르고 남은 호박과 냉장고에 보관해둔 호박씨를 냄비에 넣고 내용물이 잠기도록 물을 충분히 붓고 끓이다 믹서에 곱게 갈아 체에 거른다. 다시 냄비에 넣고 끓여 냉동실에 보관한다. 죽, 파이, 아이스크림, 스무디 등에 요긴하게 쓴다.

꽈리고추멸치볶음

멸치는 고소하기 짝이 없고, 꽈리고추는 톡 쏘는 매운 뒷맛을 준다. 윤기가 흐르면서도 질척하지 않고 바삭하며, 다 먹을 때까지 색깔이 생생하다. 이 모든 것이 설탕 대신 효소를 사용한 덕분이다.

재료 (1.5L)

멸치(볶음용) … 3컵
꽈리고추 … 1~2컵
마늘 슬라이스 … 약간

▽ **조림소스**
식용유 … 3~4TBS
간장 … 2~3TBS
고추장 … 1TBS
호박효소 … 3TBS

만드는 법

1. 약중불에 달군 팬에 멸치를 넣고 기름 없이 바삭하게 볶아 비린내를 없앤다.

2. 불을 중강불로 올리고, 멸치 가운데 우물처럼 공간을 만들고 오일-간장-고추장-효소순으로 넣고 잘 섞는다. 중불로 줄이고 멸치와 고루 섞는다.

3. 멸치를 팬 구석에 밀어두고 팬을 기울여 남은 소스가 고이게 한 후 꽈리고추를 넣는다. 소스를 꽈리고추에 묻혀가며 약중불에서 졸인다.

4. 불을 끄기 직전 효소를 골고루 붓고 뒤섞어 그릇에 옮겨 담는다.

5. 같은 팬에 슬라이스한 마늘을 넣은 후 노릇하고 고소하게 볶아준다. 멸치볶음에 마늘을 섞어 완성한다.

> **Tip**
> • 효소가 없다면 물엿이나 꿀을 쓴다. 이 경우 꽈리고추를 넣기 전 미리 부어 조린다.

닭가슴살고추장주물럭과 브로콜리밥

닭가슴살은 칼로리는 낮지만 먹는 재미라고는 없다. 그런 닭가슴살로 고추장주물럭을 맛있게 만들어보자. 보통 주물럭과 달리 간장은 조금만 쓰고, 설탕 대신 효소를 사용하여 건강과 먹는 재미를 동시에 잡았다.

재료 (4인분)

닭가슴살 ⋯ 6조각
레드와인 ⋯ 4TBS
소금·후추 ⋯ 약간
올리브오일 ⋯ 약간
참기름 ⋯ 약간
호박효소 ⋯ 약간
통깨 ⋯ 약간
쪽파 ⋯ 약간

▽ **고추장주물럭양념**
양파 ⋯ ½개
다진 마늘 ⋯ 1TBS
다진 생강 ⋯ ⅛ts
고추장 ⋯ 2TBS
고춧가루 ⋯ 2TBS
간장 ⋯ 2TBS
올리브오일 ⋯ 1TBS

▽ **브로콜리밥**
밥 ⋯ 2그릇
브로콜리(자른 것) ⋯ 1컵
올리브오일 ⋯ 1TBS
물 ⋯ 1TBS

만드는 법

1. 닭가슴살은 잘 씻어 물기를 제거한 후 레드와인과 소금, 후추를 뿌려 약 20분간 둔다.

2. 양파는 믹서에 곱게 갈아 나머지 고추장주물럭양념 재료와 잘 섞는다.

3. 2에 1을 넣고 2시간 이상 재운다.

4. 올리브오일과 밥을 가볍게 섞어 냄비에 담고 분량의 물을 뿌린 뒤 한 입 크기로 자른 브로콜리를 밥 위에 올린다. 뚜껑을 닫고 약불에서 뜸을 들이듯 5~7분간 익힌다.

5. 달군 팬에 올리브오일을 약간 두르고 재워둔 닭가슴살을 올린 후 남은 양념을 요리용 붓으로 칠해가며 재빨리 굽는다.

6. 참기름에 효소를 가볍게 섞어 닭에 뿌리고, 통깨와 송송 썬 쪽파도 뿌린다. 접시에 4의 밥과 익힌 닭가슴살을 보기 좋게 올려 완성한다.

Tip
- 1번 과정에서 오렌지주스나 우유 등을 추가해도 좋다.
- 양념에 재울 시간이 부족하다면 닭가슴살을 토막내 사용한다.

두부구이

두부는 의외로 잘 굽기 어려운 재료다. 굽는 시간이 많이 걸리고, 또 한꺼번에 부치려면 뜨거운 기름이 사방에 튀기 일쑤다. 이 레시피대로 하면 조용하고 깔끔하게 두부를 구울 수 있다. 여기에 효소 넣은 특별 양념장이 맛을 더해준다. 1주일치 반찬 걱정 더는 두부구이.

재료 (8인분)

두부 … 2모
소금 … 약간
식용유 … 약간

▽ **양념장**
조림간장 또는 맛간장 … ⅔컵(34쪽)
조선간장 … ⅓컵
고춧가루 … 2TBS
깨소금 … 약간
통깨 … 2TBS
만능가루 … ½TBS(28쪽)
호박효소 … 1TBS
참기름 … 2TBS
쪽파 … 2TBS

만드는 법

1. 두부는 모당 24토막을 낸 후 골고루 소금을 뿌리고 소쿠리에 담아 잠시 물기를 뺀다.

2. 오븐시트에 유산지를 깔고 식용유를 뿌린다.

3. 2에 1의 두부를 올리고 식용유를 뿌린다.

4. 200℃로 예열한 오븐에서 20분 정도 구워준다.

5. 두부를 꺼내 넓은 팬에 옮기고, 약불에서 뜸을 들이듯이 면당 7분씩 구워준다.

6. 분량의 양념장 재료를 섞어 양념장을 만든다. 반찬통에 두부를 깔고 양념장을 골고루 끼얹어 마무리한다.

> **Tip**
> • 양념을 한 후 다시 기름에 굽는 레시피가 많은데 권하지 않는다. 기름 범벅의 두부 구이가 건강에 좋을 리 없다.

효소초밥과 생선회

보통의 초밥에 들어가는 설탕의 양은 상상 이상이다. 보통 초밥 10~12개에 설탕이 무려 2TBS 이상 들어가니 설탕밥이라 해도 과언이 아니다. 효소를 활용하여 달지 않고 상큼하면서도 기분 좋은 단맛이 나는 초밥을 만드는 비법을 소개한다.

재료 (2~4인분)

뜨거운 밥 … 1그릇
도미 … 1토막
연어 … 1토막
참치 … 1토막
무 … 약간
당근 … 약간
레몬 … ½개
고추냉이 … 약간
초간장 … 약간
생강초절임 … 약간

▽ 단촛물
현미식초 … ⅛ts
천일염 … ⅛ts
호박효소 … ⅛ts

만드는 법

1. 뜨거운 밥을 약간 식힌 후 단촛물을 만들어 잘 섞어준다.

2. 도미, 연어, 참치는 결의 직각 방향으로 슬라이스한다.

3. 밥은 작고 동그랗게 뭉치되, 직경이 생선 슬라이스 긴 부분의 반 정도 되도록 크기를 맞춘다.

4. 생선 슬라이스를 뭉친 밥 위에 올려 초밥을 만든다. 초밥을 만들고 남은 생선 슬라이스는 따로 둔다.

5. 접시에 레몬즙을 발라 문지른 후 초밥을 담아 식탁에 낸다.

6. 무는 채칼로 길게 채썬다.

7. 당근은 길게 칼집을 넣어 꽃 모양으로 슬라이스하고, 레몬도 슬라이스한다.

8. 레몬, 무채, 당근 순으로 접시에 올리고 4의 남겨둔 생선 슬라이스를 얹는다. 고추냉이, 초간장, 생강초절임을 곁들여 식탁에 낸다.

Tip

- 초밥을 만들고 남은 자투리 생선에 오이채, 당근채, 무채, 무순을 올려 샐러드를 만들 수 있다.
- 단촛물의 양과 비율은 식성에 따라 가감한다.

1

2

3

4

5

6

7

8

5. 우엉연근당근효소

우엉연근당근효소

갓김치

감자조림 2종

닭가슴살장조림

연근칩

콩나물북어해장국

강된장

우엉연근당근효소

우엉은 오장의 나쁜 기운을 물리치고 가래를 제거한다. 연근은 빈혈과 고혈압을 예방하고 불면증에도 효능을 보인다. 당근은 숙변을 제거하고 거친 피부를 곱게 한다. 우엉, 연근, 당근으로 만든 효소는 해독 효소라고 해도 손색이 없다.

재료 (750ml)

우엉 … 500g
연근 … 500g
당근 … 250g
오가닉설탕 … 500g
백설탕 … 500g
꿀 … 100~200g
가루EM … 3ts

만드는 법

1. 우엉과 연근, 당근은 깨끗이 씻어 홈집을 칼로 긁어내고 슬라이스한다. 우엉과 연근은 껍질째 사용하고, 당근은 껍질을 벗긴다.

2. 오가닉설탕, 백설탕, 가루EM을 가볍게 섞어준다. 우엉-설탕-당근-설탕-연근순으로 큰 유리병에 켜켜이 담는다.

3. 설탕 중 200g가량은 연근을 덮는 느낌으로 위에 부어준다.

4. 꿀로 위를 덮어준다. 병 입구를 헝겊으로 2번 둘러 공기가 통하게 하고, 날짜와 무게를 기록한 후 너무 덥지 않은 실온에 둔다.

5. 매일 들여다보며, 나무 주걱으로 살살 누르거나 병을 기울여 위가 마르지 않게 유지한다.

6. 5일째 되는 날, 입구가 좁은 병에 효소액을 거른다(1차 효소). 라벨에 만든 날짜와 효소 이름을 적고, 병 입구를 헝겊으로 둘러 공기가 통하게 봉한 후 냉장고에 넣는다. 거른 후 1년간 숙성시켜 먹는다.

7. 큰 유리병에 남아 있는 재료들을 잘 섞어준 뒤 다시 뚜껑을 닫아 너무 덥지 않은 실온에 둔다.

8. 이틀 후, 다시 생긴 효소액을 걸러 작은 병에 담는다(2차 효소). 작은 병 입구는 헝겊으로 둘러 공기가 통하게 봉한 후 냉장고에 넣고, 바로 요리에 설탕 대신 쓴다.

Tip

• 찌꺼기는 버리지 말고 장아찌로 만든다. 2차 효소를 따라내고 난 찌꺼기에 식초 2컵과 간장 2컵을 부어주면 완성.
• 오가닉설탕이 없으면 백설탕을 써도 된다.

갓김치

김치는 유산균의 보고로 장을 위해서 꼭 먹어야 하는 기본 반찬이다. 그런데 우엉에 들어 있는 올리고당은 장내 유산균을 늘려 장을 깨끗하게 해준다. 그러니 우엉으로 만든 효소로 담근 김치는 말 그대로 '장을 깨끗하게 하는' 김치일 것이다.

재료 (2.5kg)

갓 … 700g
쪽파 … 600g
천일염 … ½컵
까나리액젓 … ¼컵
물 … 4컵

▽ 소금물(파 절임용)
물 … 3컵
천일염 … 3TBS

▽ 양념
황석어젓, 멸치젓, 갈치속젓 … ¼컵씩
홍고추 … 약간
다진 마늘 … 1TBS
다진 생강 … 1ts
새우젓 … ¼컵
고춧가루 … 1컵
우엉연근당근효소 … ¼컵

▽ 찹쌀풀
찹쌀가루 … 3TBS
물 … 1컵

만드는 법

1. 갓은 깨끗이 씻고 다듬어 줄기에만 천일염을 뿌려 2시간 정도 절인다.

2. 파는 깨끗이 씻어 다듬는다. 미지근한 소금물에 뿌리 쪽을 20분간 담 갔다 건진 후, 다시 뿌리를 까나리액젓에 담가 30분간 절인다.

3. 갓의 줄기가 숨이 죽으면 깊이가 있는 들통에 옮겨 담고 줄기가 잠기도 록 분량의 물을 붓고 절인다.

4. 물에 갓의 잎이 잠기도록 뒤집어 넣고, 2의 파와 까나리액젓을 들통에 붓는다. 이때 파의 뿌리가 잠기게 넣고 30분간 절인다. 갓의 줄기가 약간 휠 정도로 절여지면 마지막에 파 잎도 물에 담가 1분간 둔다.

5. 믹서에 찹쌀풀, 젓갈 3종, 홍고추, 다진 마늘, 다진 생강을 넣고 간다.

6. 5에 새우젓, 고춧가루, 효소를 넣고 잘 섞는다.

7. 갓 3~5줄기와 파 2뿌리 정도씩 짝을 맞추어 양념을 골고루 바르고 묶 는다.

8. 7에 랩을 씌워 하룻밤 두었다가 김치통에 옮겨 담고, 이틀간 기다렸다 가 먹는다.

> **Tip**
> • 적어도 3가지 이상의 곰삭은 젓갈 을 써야 착착 감기는 감칠맛이 난다.

감자조림 2종

감자는 GI 지수가 특히 높은 음식으로 당뇨 환자가 피해야 하는 음식 1순위로 꼽힌다. 하지만 우엉연근당근 효소를 넣으면 효소가 당이 흡수되는 속도를 조절해 혈당이 올라가는 것을 어느 정도 막아준다. 효소 덕 톡톡히 보는, 건강한 감자조림이다.

재료 (각 2인분)

감자 ⋯ 3개
다진 마늘 ⋯ 1ts
다진 청양고추 ⋯ 1ts
식용유 ⋯ 적당량
소금 ⋯ 약간
통깨 ⋯ 약간

▽ 꿀효소양념

식용유 ⋯ 1TBS
꿀 ⋯ 1TBS
우엉연근당근효소 ⋯ 2TBS
통깨 ⋯ 1ts

▽ 간장효소양념

식용유 ⋯ 1TBS
진간장 ⋯ 2TBS
꿀 ⋯ 1TBS
우엉연근당근효소 ⋯ 2TBS
통깨 ⋯ 1ts

만드는 법

1. 감자는 껍질을 벗기고 깍두기 모양으로 썰어 끓는 물에 살짝 데친다.

2. 소쿠리에 감자를 건져 물기를 뺀다.

3. 팬에 식용유를 넉넉히 두르고 감자를 굽는다.

4. 3에 다진 마늘과 다진 청양고추를 넣고 노릇노릇하게 구운 후 소금으로 간한다.

5. 효소를 제외한 꿀효소양념 재료를 냄비에 넣고 약불에서 끓이다가 기포가 생기면 구운 감자 반을 넣고 골고루 섞는다. 불을 끄고 한 김 식힌 후 효소로 코팅한다.

6. 효소를 제외한 간장효소양념 재료를 냄비에 넣고 약불에서 끓이다가 기포가 생기면 나머지 구운 감자를 넣고 골고루 섞는다. 불을 끄고 한 김 식힌 후 효소로 코팅한다.

> **Tip**
> • 감자를 너무 오래 데치면 모양이 뭉개지므로 주의한다.

닭가슴살장조림

우엉은 철분이 풍부해 빈혈 환자에게 좋다고 알려져 있지만 철분은 흡수율이 매우 떨어지는 미량 영양소. 닭가슴살은 철분의 흡수를 돕기 때문에 우엉과 찰떡궁합이라고 할 수 있다. 잔뜩 구입한 냉동 닭가슴살을 우엉연근당근효소와 함께 조리해 두고두고 먹어보자.

재료 (1kg)

닭가슴살 … 800g~1kg
쌀뜨물 … 적당량
월계수잎 … 2장
생강 … 2쪽
통후추 … 1ts
마늘 … 7~10개
달걀 … 4개
청양고추 … 약간
우엉연근당근효소 … 1TBS
꿀 … 1TBS

▽ 조림간장
간장 … ⅔~1컵
맛술 … 4TBS
청주 … 2TBS

만드는 법

1. 큰 냄비에 쌀뜨물을 붓고 월계수잎, 생강, 통후추를 넣고 강불에 놓는다.

2. 끓어오르면 잘 씻은 닭가슴살을 넣고 삶는다.

3. 닭가슴살이 잘 익으면 건져내 식힌 후 한입 크기로 찢는다.

4. 마늘은 껍질을 까고, 달걀은 삶아 껍질을 깐다. 조림간장 재료는 잘 섞어 준비한다.

5. 조림간장을 냄비에 붓고 끓이다가 마늘을 넣어 익힌 후 닭가슴살, 삶은 달걀, 청양고추순으로 넣어 뚜껑을 덮고 중불에서 졸인다.

6. 국물이 자작하게 졸아들면 불을 끄고 효소와 꿀을 넣고 휘저어 마무리한다.

> **Tip**
> • 청주와 맛술 대신 피클물이나 장아찌물을 쓸 수 있다.
> • 달걀이 잠기도록 물을 붓고 소금과 식초를 1ts씩 넣어 바글바글 끓인 뒤 불을 끄고 15분 그대로 두었다가 찬물에 담그면 껍질이 손쉽게 벗겨진다. 베이킹소다를 1ts 넣고 삶으면 더 좋다.

연근칩

연근은 고혈압, 당뇨, 대하증을 완화하고 요혈, 자궁출혈 등 모든 혈병을 멎게 한다. 또한 마음을 맑게 하고 열을 없앤다고 알려져 있다. 이런 연근으로 건강하고 부담없는 간식을 만들어보자. 연근으로 만든 효소가 맛과 효능을 더한다.

재료 (2인분)

연근(10cm 길이) … 2뿌리
올리브오일 … ½컵
쌀가루 … 1TBS
우엉연근당근효소 … 1TBS

만드는 법

1. 연근은 껍질을 벗기고 얇게 슬라이스한다.
2. 1에 올리브오일을 1TBS 정도 뿌린다.
3. 2에 쌀가루를 솔솔 뿌려 입힌다.
4. 팬에 올리브오일을 붓고 뜨겁게 달아오르면 중강불에 맞춘다.
5. 연근을 넣고, 면당 2~3분씩 노르스름하게 구워내듯 튀긴다.
6. 접시에 담고 효소를 뿌려 마무리한다.

• 올리브오일은 슬라이스한 연근이 잠길 정도여야 한다. 따라서 팬의 넓이에 따라 올리브오일의 양을 조절한다.

콩나물북어해장국

애써 끓인 해장국의 맛이 제대로 나지 않으면 속상하다. 우엉연근당근효소를 쓰면 감칠맛을 보장할 뿐 아니라 피로와 스트레스를 푸는 효능을 더한다. 한 그릇 뚝딱 비우면 몸이 저절로 개운해진다.

재료 (4인분)

북어 … 1마리
콩나물 … 2컵
생수 … 4컵
쪽파 … 3뿌리
홍고추 … 1개
다진 마늘 … ½ts
생강즙 … ¼ts
소금 … 약간
달걀 … 2개
조선간장 … 약간
후추 … 약간
우엉연근당근효소 … 약간

만드는 법

1. 북어는 머리와 꼬리를 자르고 찬물에 불린다.

2. 콩나물은 물에 흔들어 씻은 후 뿌리를 떼어내 손질한다. 뿌리는 따로 모아둔다.

3. 불린 북어에서 머리와 꼬리를 건져 2의 콩나물 뿌리와 함께 냄비에 넣는다. 분량의 생수를 넣고 팔팔 끓으면 불을 줄여 10~15분 더 끓인 후 체에 걸러 육수를 완성한다.

4. 불린 북어는 물기를 짜 살만 결대로 찢는다.

5. 쪽파와 홍고추는 손가락 길이로 썬다.

6. 4에 다진 마늘, 생강즙, 소금을 넣고 무치다가 달걀을 풀어 잘 섞는다.

7. 6에 5를 넣고 젓가락으로 버무린다.

8. 3의 육수를 냄비에 붓고, 다듬어둔 콩나물을 넣은 후 뚜껑을 닫고 7~8분 끓이다가 뚜껑을 열고 7을 넣어 그대로 끓인다.

9. 조선간장, 소금, 후추로 간을 맞춘 후 불을 끄고 효소를 넣어 마무리한다.

Tip
• 냄비에 북어를 넣고 끓일 때 휘젓지 않는다.

강된장

쌈밥, 비빔밥에 필수적인 요리인 강된장을 맛있게 끓이기란 의외로 쉽지 않다. 조금만 조리를 잘못해도 갑자기 짜게 되기 때문. 짠맛을 잡기 위해 설탕을 많이 넣는데 이게 건강에 좋을 리 없다. 효소를 쓰자.

재료 (4인분)

양파 ··· ¼컵
버섯 ··· ¼컵
파프리카 ··· ¼컵
된장 ··· 1컵
고추장 ··· 2TBS
고추기름 ··· **2TBS**(32쪽)
우엉연근당근효소 ··· **1TBS**
잣가루 ··· 약간
통깨 ··· 약간
참기름 ··· 약간

만드는 법

1. 양파, 버섯, 파프리카는 잘 다진다.

2. 된장과 고추장을 뚝배기에 담고, 1의 양파와 버섯을 잘 섞는다.

3. 2의 뚝배기에 파프리카 다진 것을 평평하게 덮어준다. 뚜껑을 덮어 한 나절 또는 하루 동안 냉장고에서 재운다.

4. 다음 날, 뚝배기를 열어 파프리카 다진 것을 살살 걷어내 팬에 옮겨 담고 약불에서 고추기름에 볶아준다.

5. 뚝배기에 4의 파프리카를 다시 담고 뚝배기째 불에 올린다. 약불에서 저어가며 은근히 졸인다.

6. 불을 끄고 효소를 섞은 후 맛이 배도록 뚜껑을 닫고 잠시 둔다. 그릇에 옮겨 담고 잣가루와 통깨를 뿌린 후 참기름을 약간 넣는다.

Tip

- 해물강된장을 만들려면 5번 과정에서 해물을 함께 넣고 끓인다.
- 파프리카의 씨는 사용하지 않는다.

6. 돼지감자키위사과효소

돼지감자키위사과효소

꽁치구이

물김치와 깍두기

아스파라거스밥

마늘치킨

채소스터프라이

초계탕

돼지감자키위사과효소

돼지감자는 민간에서 당뇨병 치료에 쓰인다. 돼지감자에 풍부한 이눌린이 천연인슐린의 역할을 하기 때문이다. 이러한 돼지감자로 만든 효소는 당뇨병에 최적화한 효소라 할 수 있다. 우선 돼지감자키위효소와 돼지감자사과효소 두 가지를 만든 후 이 둘을 섞어준다.

재료 (600ml)

돼지감자 … 7~8개

▽ 돼지감자키위효소

키위 … 3~4개
꿀 … 300g
가루EM … ½ts

▽ 돼지감자사과효소

사과 … ½개
홍고추 … ½개
생강 … 약간
꿀 … 300g
가루EM … ½ts

만드는 법

1. 돼지감자는 솔로 잘 문질러 흙을 털고 깨끗이 씻은 후 껍질째 썬다.

2. 키위, 사과, 홍고추, 생강은 잘 씻는다. 키위는 껍질을 벗기고 납작한 반달 모양으로 썰고, 사과는 씨를 도려내고 껍질째 썬다. 홍고추는 송송 썰고, 생강은 슬라이스한다.

3. 돼지감자를 반으로 나누어 각각 사과, 키위와 합친다. 각 무게가 500g이 되게 맞춘다.

4. 입구가 넓은 유리병에 3의 돼지감자와 키위 합친 것을 담고 분량의 가루EM과 꿀을 넣는다.

5. 입구가 넓은 유리병에 3의 돼지감자와 사과 합친 것, 홍고추, 생강을 담고 가루EM과 꿀을 넣는다.

6. 4와 5의 병 입구를 공기가 통하게 헝겊으로 막아 실온에 7일간 둔다. 나무 주걱을 사용해 휘젓거나 병을 기울여 위가 마르지 않도록 적셔준다.

7. 7일 후, 중간층에 고인 효소액을 체에 걸러 깨끗한 병에 옮겨 담는다. 바닥에 가라앉아 있는 찐득한 설탕층은 바로 요리에 사용 가능하다.

8. 입구를 각각 헝겊으로 막아 어둡고 시원한 곳에서 6개월 발효시키고, 뚜껑을 밀봉해 3개월 더 발효시킨다.

9. 완전히 발효가 끝난 돼지감자키위효소와 돼지감자사과효소를 병 하나에 합친다. 원하는 맛과 효능에 따라 합치지 않고 그대로 쓸 수도 있다.

Tip
• 거르고 남은 돼지감자+사과 찌꺼기는 김치 양념에, 돼지감자+키위 찌꺼기는 불고기 양념에 쓰면 좋다.

꽁치구이

평범한 꽁치구이를 특별한 건강 꽁치구이로 만드는 비법, 바로 효소에 있다. 특히 키위와 사과로 만든 효소는 육류와 어류에 잘 어울린다. 마늘과 생강이 토핑처럼 올라가 맛을 더하고, 손으로 들고 뼈째 먹어도 목 넘김이 부드럽다.

재료 (4인분)

절인 꽁치(구이용) ⋯ 4마리
생강 ⋯ 약간
강황가루 ⋯ ⅛ts
올리브오일 ⋯ 1ts

▽ 초마늘
마늘 ⋯ 4쪽
식초 ⋯ 약간

▽ 검정콩식초
검정콩 ⋯ ¼컵
식초 ⋯ ½컵

▽ 소스
돼지감자키위사과효소 ⋯ 2TBS
간장 ⋯ 1ts
쪽파 ⋯ 약간

만드는 법

1. 마늘은 껍질을 까서 병에 담은 후 식초를 부어준다. 실온에 3~4일가량 두어 초마늘을 만든다.

2. 병에 검정콩 씻은 것을 반 정도 넣고 식초를 부어 병을 채운다. 2시간에서 하루 정도 두어 검정콩식초를 만든다.

3. 꽁치는 깨끗이 헹군 뒤 넓적한 그릇에 담는다. 여기에 꽁치가 잠길 정도의 물을 붓고 검정콩식초를 부어 하룻밤 차가운 장소에 둔다.

4. 다음 날 꽁치를 건져 찬물에 헹구고 키친타월로 물기를 닦은 후 칼집을 낸다.

5. 초마늘과 생강은 채썰어 강황가루와 함께 올리브오일을 두른 팬에 노릇하게 볶는다.

6. 팬에서 초마늘과 생강 볶은 것을 꺼낸 뒤 팬에 꽁치를 올린다. 중불에서 한 면당 5분씩, 꼬리와 머리가 바삭해질 때까지 굽는다. 중간중간 키친타월로 기름기를 제거한다.

7. 볶은 초마늘과 생강에 효소와 간장을 붓고 잠시 두었다가 체에 거른다. 남은 액체에 쪽파를 잘게 썰어 넣어 소스를 만든다. 먹을 때는 꽁치에 초마늘과 생강을 얹어 소스에 찍어 먹는다.

Tip

• 검정콩식초와 초마늘은 평소에 많이 만들어두면 생선을 비롯한 비린내 나는 요리에 요긴하게 쓰인다. 많이 만들어 장기 보관해야 할 경우, 초마늘은 실온에 두어도 되지만 검정콩식초는 냉장 보관해야 한다.

1

2

4

5

6

7

물김치와 깍두기

효소를 담고 남은 찌꺼기를 버리지 말고 얼려두면 여기저기 요긴하게 쓰인다. 이는 그렇게 얼려둔 찌꺼기를 활용하는 레시피 중 하나. 이것저것 들어가야 하는 복잡한 김치 양념, 효소 찌꺼기로 손쉽고 맛있게 만들 수 있다.

재료 (각 1.5L)

무 … 2개
미나리 … 1단
천일염(절임용) … 1+½TBS

▽ 물김치양념
고춧가루 … 2TBS
채소육수 … 4컵(31쪽)
생강 … ½ts
홍고추 슬라이스 … ½ts
돼지감자키위사과효소 … ¼컵
천일염 … 1ts

▽ 깍두기양념
사과생강효소 찌꺼기 … ¼컵(48쪽)
돼지감자키위사과효소 … 1TBS
고춧가루 … 1TBS
까나리액젓 … 1TBS
다진 마늘 … ½ts
다진 생강 … ¼ts

만드는 법

1. 무는 깨끗이 씻어 잔뿌리를 제거한 후 1개(물김치용)는 나박썰기하고 1개(깍두기용)는 깍둑썰기한다. 무청은 잘게 썰되 연한 속심만 사용한다.

2. 미나리는 줄기와 잎을 분리하고 줄기는 3cm 길이로 자른다.

3. 나박썰기한 무를 양푼에 담아 천일염을 뿌린 후 물이 배어나오면 물은 버리고 살짝 짠다.

4. 생강은 채썰고 홍고추는 슬라이스한다.

5. 물김치양념에 쓸 고춧가루를 거름망에 담고 분량의 채소육수를 부어 고운 고춧가루 물을 내린다. 체 위에 남은 건더기는 긁어내 따로 둔다.

6. 3의 무, 4의 생강과 홍고추, 2의 미나리 줄기를 물김치 담을 용기에 담는다. 5의 고춧가루 물과 효소를 붓고 천일염으로 간을 맞추어 물김치를 완성한다.

7. 사과생강효소 찌꺼기를 믹서에 간다. 여기에 효소, 고춧가루, 까나리액젓, 다진 마늘, 다진 생강, 5의 고춧가루 건더기를 잘 섞어 깍두기양념을 만든다.

8. 깍둑썰기한 무와 잘게 썬 무청을 깍두기양념에 골고루 버무려 하루 동안 실온에 두었다가 냉장고에 넣는다.

1

2

Tip
· 다른 효소의 찌꺼기를 활용해도 좋다.
· 남은 미나리 잎은 대구매운탕(86쪽) 등 다른 요리에 사용한다.

3

4

5

6

7

8

아스파라거스밥

혈당 관리를 위해 먹는 영양밥. 하지만 적절한 간은 필수인데, 돼지감자로 만든 효소로 간을 맞추면 혈당 관리를 넘어 혈당 낮추는 영양밥이 된다. 피로회복에 좋다고 알려져 있는 아스파라거스로 리소토 스타일 영양밥을 만들어보자.

재료 (2인분)

검정콩현미밥 … 2그릇
아스파라거스 … 4줄기
귤껍질 … 약간

▽ 양념물
물 … 2TBS
올리브오일 … 1~2TBS
화이트와인 또는 청주 … 2TBS
천일염 … ⅛ts
월계수잎 … 1장

▽ 양념간장
간장 … 2TBS
참기름 … ½TBS
돼지감자키위사과효소 … 1TBS
후추 또는 가루허브 … 약간

만드는 법

1. 아스파라거스는 1cm 간격으로 썬다.

2. 작은 공기에 양념물 재료를 잘 섞는다.

3. 냄비에 밥과 아스파라거스 썬 것을 담고, 만들어둔 양념물을 붓는다.

4. 뚜껑을 닫고 중약불에서 한소끔 끓여 김을 낸다.

5. 귤껍질을 채칼에 곱게 간다.

6. 4의 밥을 그릇에 담고 귤껍질을 뿌린다. 먹을 때는 양념간장에 비벼 먹는다.

> **Tip**
> • 냄비에 양념물을 먼저 넣고 살짝 끓인 후 밥과 아스파라거스를 넣고 한소끔 끓여도 된다.

마늘치킨

미국의 한 유명 체인 레스토랑에서 일하던 셰프가 알려준 닭요리 레시피. 아낌없이 듬뿍 구워 낸 통마늘과 걸쭉한 레드와인식초 소스가 너무나 마음에 들었다. 어떻게 하면 여기에 건강함을 더할까 고민하다가 효소를 사용했더니, 맛과 건강이 나란히 업그레이드되었다.

재료 (4인분)

닭다리 … 10~16개
마늘 … 2통
올리브오일 … ½TBS
버터 … 2~3TBS
월계수잎 … 2장
소금·후추 … 약간

▽ **소스**
레드와인식초 … 1컵(38쪽)
치킨스톡 또는 다시마육수 … 2컵
사워크림 또는 우유 … ¼컵
소금·후추 … 약간
간장 … 2TBS
돼지감자키위사과효소 … 1TBS

만드는 법

1. 손질한 닭은 깨끗이 씻어 물기를 닦고 소금과 후추로 밑간을 한다. 마늘은 껍질을 깐다.

2. 크고 깊은 팬에 분량의 올리브오일을 두른다. 닭을 넣고 뚜껑을 닫아 5~8분 익힌 후 버터, 월계수잎, 마늘을 넣고 다시 뚜껑을 닫아 익힌다. 중간에 뒤집어준다.

3. 닭의 핏물이 가시면 마늘은 팬에 두고 닭만 꺼내 올리브오일을 약간 뿌려둔 오븐시트에 옮겨 담는다. 250℃ 오븐에서 15분간 노릇노릇하게 굽는다.

4. 닭을 꺼낸 팬에 레드와인식초를 붓고 보글보글 끓여 마늘을 익힌다.

5. 팬에서 마늘을 꺼내고, 다시 팬에 치킨스톡과 사워크림을 넣고 센불에서 걸쭉해질 때까지 졸인다. 소금·후추·간장으로 맛을 더하고, 불을 끄고 효소를 넣는다.

6. 오븐에서 닭을 꺼내 팬에 넣고 소스에 코팅하듯 굴려준다. 익힌 마늘과 함께 닭을 접시에 올리고 남은 소스를 닭 위에 끼얹는다. 후추를 뿌려 마무리한다.

Tip

• 허브 밥을 곁들이면 좋다. 밥 2~3 그릇에 다진 양파 ½개, 다진 마늘 1쪽, 다진 파 혹은 부추 약간, 파슬리나 로즈마리 ½ts를 전부 섞고 저온에서 한 김 낸 후 뜨거울 때 허브효소 ¼ts과 소금으로 간을 하면 끝. 허브효소 레시피는 142쪽 참고.

채소스터프라이

센 불에 재빨리 볶은 요리를 통틀어 '스터 프라이(stir fry)'라고 한다. 뜨거울 때 밥이나 면 위에 얹으면 간편한 한 그릇 음식이 완성되기 때문에 널리 사랑받지만, 기름을 많이 써서 칼로리가 높다. 건강해지려면 효소라는 특별한 비법이 필요하다.

재료 (4인분)

두부(단단한 것) … 1모
당근 … 2개
청경채 또는 봄동 … 4개
대파(흰 부분) … ¼대
그린빈 … 1컵
마늘 슬라이스 … 3쪽
생강채 … 1TBS
녹말가루 … 2ts
식용유 … 적당량
청주 … 2TBS
소금·후추 … 약간

▽ 소스

녹말가루 … 2ts
조선간장 … 2TBS
채소육수 … ¼컵(31쪽)
참기름 … 1ts
통깨 … 약간
돼지감자키위사과효소 … 1TBS

만드는 법

1. 두부는 물기를 완전히 제거한 후 깍두기 모양으로 썰어 소금과 후추를 뿌리고 녹말가루에 버무려둔다.

2. 당근은 채썰고, 청경채는 길게 자르고, 대파는 어슷썬다.

3. 효소를 제외한 모든 소스 재료를 섞어 냄비에 넣고 약간 걸쭉하게 1분간 졸인다.

4. 팬에 식용유를 두르고 1의 두부를 넣어 모든 면을 노릇하게 구워준다.

5. 팬에서 두부를 꺼내고 다시 마늘과 생강을 넣어 1분간 볶는다. 식용유를 더 두르고 당근, 청경채, 대파+그린빈순으로 재료당 1~3분씩 익힌 후, 청주를 넣고 재빨리 흔들어 섞는다. 여기에 구운 두부를 다시 넣고 가볍게 섞는다.

6. 3의 소스를 끼얹어 흔들고 바로 불을 끈다. 효소로 코팅해 마무리한다.

> **Tip**
> • 호이신소스를 1TBS 정도 넣으면 좋다. 직접 만들어 쓸 수도 있지만 번거로우면 시판 제품을 쓴다.

1

2

3

5

6

초계탕

초계탕은 더운 여름에 먹는 별미이다. 유명 맛집 초계탕의 비밀은 설탕이라고 할 정도로 설탕
을 거의 때려 붓다시피 하는데, 효소를 사용하면 천연 단맛을 낼 수 있다.

재료 (3~4인분)

닭 … 1마리
오이 … ½개
셀러리 … 1대
고추·대파(흰 부분)·적채 … 약간
메밀면 … 300g
사과·레몬 … 약간씩
식초·물(사과즙용) … 약간씩
소금·후추·참기름 … 약간씩
통깨 … 약간

▽ 육수

닭 삶은 물 … 2+½컵
동치미 국물 … 1컵
돼지감자키위사과효소 … 3TBS
국간장 … 1ts
소금 … ½ts
식초 … 2TBS

▽ 닭 삶는 물

양파 … 약간
마늘 … 약간
생강 … 약간
고추씨 … 약간
통후추 … 약간
생수 … 적당량

만드는 법

1. 큰 냄비에 생수를 붓고 양파·마늘·생강·고추씨·통후추 등을 넣어 팔팔 끓인다. 여기에 닭을 1시간 이상 삶은 후 식힌다. 닭은 건져내고 냄비째 냉장고에 24시간 이상 둔다.

2. 1의 냄비를 꺼내 기름을 걷어내고 촘촘한 체에 맑은 물만 걸러낸다. 여기에 나머지 육수 재료를 섞어준다.

3. 닭고기는 결대로 찢어 소금, 후추, 참기름으로 밑간을 한다. 오이, 셀러리, 고추, 대파, 적채는 얇게 슬라이스한다.

4. 사과는 약간의 식초·물과 함께 갈아 손으로 꼭 짠다. 레몬은 손으로 짜서 즙을 낸다.

5. 삶아서 찬물에 헹군 메밀면을 냉면기에 담고 닭고기와 슬라이스한 채소를 올린다.

6. 2의 육수를 붓는다. 여기에 4의 사과즙, 레몬즙과 통깨를 뿌려 마무리한다.

> **Tip**
> • 채소와 닭고기에 식초, 효소, 겨자, 청주를 넣어 버무려도 좋다.
> • 동치미 국물은 살얼음이 끼어 있는 것이 좋다.

7. 허브효소

허브효소

채소프리타타

매운고사리고등어찜

데블드에그

연두부샐러드

오이냉채

천연컬러달걀샐러드

허브효소

허브 하면 흔히 바질이나 로즈마리 등을 떠올리지만, 사실 허브는 음식의 향미를 돋우는 데 이용되는 식물을 모두 가리키는 말이다. 즉 미나리나 깻잎 등 우리 주변에서 흔히 구할 수 있는 식물도 훌륭한 허브다. 서양에서는 허브를 식용, 약용은 물론 미용 목적으로도 다양하게 활용하므로 허브효소를 담그면 먹는 즐거움과 건강, 아름다움까지 챙길 수 있다.

재료 (720ml)

미나리·깻잎·바질·딜
등 허브 … 1.2Kg
백설탕 … 1kg
가루EM … 3ts

만드는 법

1. 모든 재료는 깨끗이 다듬어 적당한 크기로 자른다. 선풍기를 사용하거나 바람이 잘 드는 곳에 두어 물기를 말린다.

2. 설탕에 EM을 섞고, 소독한 유리병에 허브와 설탕을 켜켜이 담는다.

3. 날짜와 재료, 무게를 기록한 후 입구를 헝겊으로 2번 둘러 어둡고 시원한 곳에 5일간 둔다.

4. 이틀째부터는 나무 주걱으로 재료를 꾹 누르거나 병을 기울여 위가 마르지 않도록 적셔준다.

5. 5일 후, 효소액을 체에 걸러 입구가 좁은 깨끗한 병에 담는다.

6. 입구를 헝겊으로 막아 집 안의 시원한 곳에 둔다. 6개월 정도 발효시킨 후 뚜껑을 밀봉하여 3개월 더 숙성시켜 요리에 쓴다.

Tip

• 찌꺼기는 쌀뜨물 발효액 또는 청주와 함께 믹서에 곱게 갈아 냉장고에 보관한다. 마사지 재료로 사용하면 피부 진정 효과가 있으며, 허브 향이 스트레스를 없애고 심신을 안정시킨다. 세안 후 효소 찌꺼기, 콩가루, 허브효소를 잘 섞어 얼굴에 바른다. 거즈를 덮고 약 20분 있다가 미지근한 물로 씻어낸다.

채소프리타타

프리타타는 달걀에 채소나 고기 등을 풍부하게 넣어 만드는 이탈리아식 오믈렛으로, 어떤 주
재료를 쓰고 어떤 토핑을 올리느냐에 따라 맛과 건강이 하늘과 땅 차이다. 채소로만 만들어
건강한 프리타타에 허브효소를 넣어 기분 좋은 향과 맛을 냈다.

재료 (6인분)

감자 … 3개
당근 … 2개
달걀 … 12개
방울토마토 … ½컵
고수 … 약간
마늘 … 1개
파 … ½컵
피자치즈 … 약간
올리브오일 … 4TBS
소금·후추 … 약간
핫소스 … 약간
허브효소 … 1ts

만드는 법

1. 감자와 당근은 깨끗이 씻어 슬라이스한다. 팬에 올리브오일을 두른 뒤 중불에서 감자부터 노릇하게 굽다가 당근을 넣고 부드럽게 익힌다. 올리브오일을 살짝 바른 오븐팬에 감자와 당근을 잘 펼친다.

2. 방울토마토는 반으로 자른다. 고수, 마늘, 파는 잘게 다진다. 토핑용으로 쓸 파는 따로 조금 덜어둔다.

3. 달걀을 풀어 다진 파와 소금, 후추를 넣고 잘 섞은 후 1의 오븐팬에 붓는다. 190℃ 오븐에서 18분간 익힌다.

4. 오븐팬을 꺼내 5분간 식힌 후 팬의 가장자리를 나무 주걱이나 칼로 살살 긁어 팬에서 떼어낸다.

5. 팬에 접시를 덮고 거꾸로 뒤집어 프리타타를 빼낸다.

6. 프리타타에 방울토마토, 토핑용으로 덜어둔 다진 파, 다진 마늘, 다진 고수와 피자치즈를 올려 마무리한다. 핫소스와 효소를 섞어 소스로 곁들인다.

> **Tip**
> • 오븐에 넣을 수 있는 팬을 사용하면 감자와 당근을 익히다가 달걀물을 붓고 팬째 오븐에 넣을 수 있어 편리하다.
> • 토핑은 입맛에 따라 자유롭게 올린다.

매운고사리고등어찜

식이섬유가 풍부해 다이어트에 좋은 고사리가 피부 미용에 좋은 허브효소를 만나면 먹을수록 예뻐지는 요리가 된다. 평범한 고등어찜을 '미용 요리'로 바꾸는 비법을 소개한다.

재료 (4인분)

고등어 … 2마리
고사리 … 1줌
양파 … ½개
풋고추·대파·홍고추 … 약간
다시마육수 … 1컵
허브효소 … ¼t

▽ 양념장

양파 … ¼개
홍고추 … 1개
생강 … 약간
다시마육수 … 1TBS
조선간장 … ½TBS
고춧가루 … 1TBS
고추장 … ½TBS
다진 마늘 … 1ts
맛술 … ½ts
소금·후추 … 약간

만드는 법

1. 고등어는 손질하여 어슷썬다. 희석한 녹차 또는 원두커피에 약 30분 담갔다가 물기를 제거한다.

2. 고사리는 삶아서 물에 헹군 후 물기를 짜서 준비한다.

3. 분량의 양파, 홍고추, 생강, 다시마육수를 믹서에 간다. 여기에 조선간장, 고춧가루, 고추장, 다진 마늘, 맛술을 섞고 소금, 후추로 간하여 양념장을 만든다.

4. 뚝배기에 다시마육수, 큼직하게 썬 양파, 고사리, 고등어를 넣고 양념장을 올린 후 강불에 놓고 끓인다.

5. 끓기 시작하면 중약불로 줄이고 뚜껑을 닫아 고사리가 완전히 익고 국물이 자작하게 졸아들 때까지 푹 끓인다.

6. 풋고추, 대파, 홍고추를 어슷썰어 넣고 한 번 더 끓인 후 바로 불을 끈다. 효소를 크게 둘러 마무리한다.

데블드에그

'악마에 사로잡힌 계란(deviled egg)'이라는 뜻의 이 요리는 마요네즈가 들어가기 때문에 느끼하다. 이를 커버하기 위해 머스터드 등 매운 재료가 들어가 끝맛이 매콤한 게 특징인데, 여기에 효소가 들어가면 오묘한 단맛으로 마무리할 수 있다.

재료 (3~6인분)

삶은 달걀 … 6개
당근 … 약간
풋고추 … 약간
베이비채소 … 약간

▽ 드레싱

머스터드 … 2ts
마요네즈 … 1TBS
파마산치즈 … ⅓컵
허브효소 … ¼ts
후추 … 약간

만드는 법

1. 삶은 달걀의 밑을 평평하게 잘라 세울 수 있게 만든 다음, 위에서 3분의 1 되는 지점을 잘라낸다.

2. 노른자를 꺼내 볼에 담아 포크로 으깨고, 분량의 드레싱을 섞는다.

3. 당근을 새 부리와 발 모양으로 아주 작게 썬다. 묵 써는 칼로 썰면 모양이 난다.

4. 풋고추를 작게 사각형으로 자른 후 가장자리를 둥글려 눈 모양으로 만든다.

5. 2의 노른자를 1의 흰자에 채우고 소복하게 더 쌓아 올려 약간 눌러준다.

6. 당근과 풋고추로 얼굴을 만들고 흰자로 뚜껑을 씌운다. 그 위에 이쑤시개를 찔러 구멍을 낸 다음 베이비채소를 꽂아 닭벼슬을 표현한다. 접시에 당근 발을 놓고 달걀을 올려 마무리한다.

> **Tip**
> • 마요네즈 대신 마요네즈를 베이스로 한 시판 드레싱을 써도 되고, 요거트와 소금을 써도 좋다.

 1	 2
 3	 4
 5	 6

연두부샐러드

찬 음식이 다이어트에 좋지 않다는 건 널리 알려져 있다. 찬 기운이 혈액순환을 나쁘게 해 신진대사를 억제하기 때문이라고. 따라서 다이어트를 위해 연두부를 먹을 때는 웜샐러드로 만들어보자. 설탕 대신 효소를 사용해 칼로리도 낮췄다.

재료 (2인분)

연두부 … 1모
새싹채소 … 1줌

▽ <u>소스</u>

바지락살 … ½컵
양송이버섯 … 6개
홍고추 … 1개
양파 슬라이스 … 6쪽
쪽파 … ½뿌리
다진 마늘 … 1ts
간장 … 3TBS
물 … ¼컵
천일염 … ¼ts
녹말가루 … ½TBS
식용유 … 1/2TBS
참기름·후추 … 약간
허브효소 … 1TBS

만드는 법

1. 양송이버섯은 갓과 기둥을 분리해 슬라이스하고, 홍고추·양파·쪽파는 슬라이스한다. 마늘은 다지고, 바지락살과 새싹채소는 잘 씻어 준비한다.

2. 바지락살에 분량의 간장과 물, 천일염을 넣어 재운다.

3. 2에서 액체를 따라내 종지에 담고 여기에 녹말가루를 푼다.

4. 팬에 식용유를 두르고 다진 마늘, 1의 홍고추와 양파를 넣어 볶다가 버섯을 넣는다.

5. 버섯이 부드러워지면 바지락살을 넣고 볶다가 3의 녹말물을 넣고 걸쭉하게 끓인다.

6. 쪽파를 넣고 참기름·후추로 간을 맞춘다. 불을 끄고 효소를 섞는다. 따뜻하게 데운 연두부를 접시에 담고 소스를 푸짐하게 뿌린 뒤 새싹채소를 올려 마무리한다.

Tip
• 연두부는 깊이가 얕은 팬에 담아 물을 자작하게 부어 약불에서 아주 서서히 덥힌다.

오이냉채

냉채는 생각보다 단맛이 강한 요리다. 많은 레시피에서 설탕과 매실청, 꿀을 한꺼번에 사용해 달달한 맛을 내라고 가르친다. 하지만 효소를 사용하면 집에 있는 평범한 재료로도 간편하게 맛있는 냉채를 만들 수 있다.

재료 (2인분)

황태채 … 20줄기
홍차 티백 … 1개
허브효소 … 1ts
천일염(황태 절임용) … 1꼬집
당근 … ¼개
오이 … 1개
배 … ½개
레몬즙 … ½개분

▽ 소스
겨자 … 1TBS
사과식초 … 2TBS
천일염 … ½ts
허브효소 … 2TBS
레몬즙 … ½개분
냉녹차 … 1TBS

만드는 법

1. 황태채는 그릇에 넣고 황태채가 잠길 만큼의 따뜻한 물을 붓는다. 홍차 티백을 넣고 약 20분간 우려 잡내와 누린내를 잡는다. 물기를 꼭 짠 후, 먹기 좋게 찢거나 가늘게 채썬 다음 효소와 천일염을 뿌려둔다.

2. 당근, 오이, 배는 5cm 정도 길이로 잘라 레몬즙을 뿌려둔다. 이때 오이는 껍질 중심으로 쓰고 속은 쓰지 않는다.

3. 소스 재료를 모두 섞는다. 맛을 보고 냉녹차나 얼음물로 겨자 맛을 중화시킨다.

4. 배를 제외한 모든 재료를 섞어준 다음 접시에 담는다. 배를 얹고 소스를 끼얹는다.

Tip

- 썰고 남은 황태 자투리는 된장찌개 육수로 활용하고, 채소 자투리는 효소와 함께 갈아 아침 주스로 마신다.
- 레몬 1개를 반으로 나누어 하나는 채소 절임용으로, 다른 하나는 소스용으로 쓰면 된다.

천연컬러 달걀샐러드

비트와 커리로 달걀을 염색해 눈이 즐겁고, 달걀을 허브효소에 재워 허브효소 특유의 향긋함이 달걀에 가득 배어 있다. 언뜻 번거로워 보이지만, 막상 해보면 그 특별함에 반하게 된다. 비트, 커리, 효소의 영양은 보너스.

재료 (2인분)

달걀 ··· 4개
샐러드 채소 ··· 8컵
올리브오일 ··· 4TBS
허브효소 ··· 2TBS
소금 ··· 2ts
후추 ··· 약간

▽ **비트 염색물**

비트 ··· ¼개
식초 ··· ½컵
소금 ··· ½ts
물 ··· ½컵

▽ **커리 염색물**

커리가루 ··· 1ts
소금 ··· ½ts
식초 ··· ½컵
물 ··· ½컵

▽ **드레싱**

올리브오일 ··· 4TBS
발사믹식초 ··· 4TBS
소금 ··· ½~1ts
레몬즙 ··· 1ts
허브효소 ··· 1ts
후추 ··· 약간

만드는 법

1. 달걀은 삶아 껍질을 깐다.

2. 비트는 즙을 내 분량의 식초, 소금, 물과 섞는다. 여기에 달걀 2개를 넣어 색을 입힌다.

3. 작은 그릇에 커리 염색물 재료를 잘 섞은 후 냄비에 붓고 불에 올린다. 끓어오르면 나머지 달걀 2개를 넣고 중약불에서 졸여 색을 입힌다.

4. 분량의 올리브오일, 효소, 소금을 잘 섞어 달걀에 나누어 뿌린 뒤 2시간 이상 재운다. 그 위에 후추를 살짝 뿌린다.

5. 분량의 드레싱 재료를 잘 섞은 후 채소와 가볍게 섞는다.

6. 접시에 샐러드 채소를 담고 달걀을 잘라 얹어 마무리한다.

Tip

• 달걀이 잠기도록 물을 붓고 소금과 식초를 1ts씩 넣어 바글바글 끓인 뒤 불을 끄고 15분 그대로 두었다가 찬물에 담그면 껍질이 손쉽게 벗겨진다. 베이킹소다를 1ts 넣고 삶으면 더 좋다.

8. 베리효소

딸기효소

복분자효소

가지스테이크

딸기아이스크림

웨지양상추샐러드

귀리그래놀라파르페

딸기밀크셰이크

상추샐러드

(01)

딸기효소

상큼한 딸기는 대표적인 봄 제철 과일이다. 물론 요즘은 하우스 재배를 통해 사시사철 딸기를 먹을 수 있다지만, 역시 제철에 먹는 딸기만은 못하다. 이런 딸기의 영양과 신선함을 사시사철 즐길 수는 없을까? 효소가 답이다. ·

재료 (400ml)

딸기 … 500g
꿀 … 350g
가루EM … ½ts

만드는 법

1. 딸기는 깨끗이 씻어 물기를 닦아내고 꼭지와 흰 부분을 제거한 후 잘게 썬다. 잘 익은 부위만 써야 더욱 선명한 색을 낼 수 있다.

2. 입구가 넓은 병에 잘게 썬 딸기를 담고 그 위에 가루EM을 뿌린다.

3. 꿀을 재료가 잠길 만큼 부어준다.

4. 병 입구를 헝겊으로 2겹 둘러 실온에 5일간 둔다.

5. 재료가 완전히 꿀에 잠기도록 매일 나무 수저로 위를 눌러준다. 발효가 되면서 거품이 올라오는 것도 눈으로 확인한다.

6. 5일 후, 녹지 않고 가라앉은 꿀 위에 효소액이 형성되어 있고, 그 위에 딸기가 동동 떠 있는 것을 확인한다. 중간층에 고인 효소액을 체에 걸러 입구가 좁은 병에 담고, 입구를 헝겊으로 막아 집 안의 시원한 곳에 둔다. 6개월 정도 숙성시킨 후 요리에 사용하기 시작하며, 이때부터 밀봉하여 보관한다.

Tip
• 효소를 거르고 남은 꿀은 따로 담아 요리에 즉시 쓰거나, 딸기 찌꺼기와 합쳐 다른 요리에 쓴다.

복분자효소

복분자(覆盆子), 이걸 먹고 요강을 엎었다 하여 붙여진 이름이다. 그만큼 몸에 활력을 불어넣
는다는 뜻. 복분자는 그냥 먹기보다는 주로 효소로 담가 먹는데, 많은 경우 제대로 된 효소가
아니라 설탕물일 따름이다. 꿀을 이용해 진짜 효소 만드는 비법을 소개한다.

재료 (400ml)

복분자 … 500g
꿀 … 350g
가루EM … ½ts

만드는 법

1. 복분자는 깨끗이 씻어 물기를 닦아낸 뒤 입구가 넓은 병에 담는다.

2. 복분자 위에 가루EM을 뿌린다.

3. 꿀을 재료가 잠길 만큼 부어준다.

4. 병 입구를 헝겊으로 둘러 실온에 5일간 둔다.

5. 재료가 완전히 꿀에 잠기도록 매일 나무수저로 위를 눌러준다. 발효가 되면서 거품이 올라오는 것도 눈으로 확인한다.

6. 5일 후, 녹지 않고 가라앉은 꿀 위에 효소액이 형성되어 있고, 그 위에 복분자가 동동 떠 있는 것을 확인한다. 중간층에 고인 효소액을 체에 걸러 입구가 좁은 병에 담는다. 입구를 헝겊으로 막아 집 안의 시원한 곳에 둔다. 6개월 정도 더 숙성시킨 후 요리에 쓴다. 이때부터 밀봉하여 보관한다.

Tip

• 효소를 거르고 남은 꿀은 따로 담아 요리에 즉시 써도 되지만 잼으로 만들어도 좋다. 찌꺼기와 바닥에 가라앉은 꿀을 합쳐 냄비에 담고 약불에서 은근히 조려 만든다. 디저트를 만들 때 유용하게 쓸 수 있다.

가지스테이크

가지는 통통하고 씹는 맛이 좋아 고기 스테이크 대체용으로 많이 쓰이는 채소다. 가지스테이크 소스에 복분자효소를 쓰는 이유는, 가지와 복분자 둘 다 항암 효과가 있기 때문. 암 환자를 위한 완벽한 스테이크 한 접시 탄생이다.

재료 (2인분)

가지 … 1개
애호박 … 1개
파프리카 … ¼개
부추 … ¼단
햄 … 6장
당근 … 약간
모차렐라치즈 … 약간
올리브오일 … 약간
버터 … 약간
후추 … 약간

▽ 바비큐소스
시판 바비큐소스 … ¼컵
초록오이피클 … 약간(58쪽)
복분자효소 … 1ts

만드는 법

1. 가지는 길게 반으로 자르고, 자른 면에 올리브오일을 바른다. 애호박은 감자칼로 얇게 슬라이스한다.

2. 파프리카는 채썰고, 부추도 같은 길이로 썬다.

3. 애호박에 햄, 파프리카, 부추를 올린다.

4. 3을 돌돌 말아 이쑤시개로 고정한다.

5. 그릴팬을 뜨겁게 달군 뒤 버터를 바른다. 가지의 자른 면이 팬에 닿게 올리고 3분 정도 구워 그릴 자국을 낸다.

6. 가지를 뒤집고 모차렐라치즈를 뿌린다.

7. 4의 채소말이를 팬에 굽는다.

8. 시판 바비큐소스에 피클을 다져 넣고 효소를 넣어 섞는다.

9. 접시에 가지와 채소말이를 담고 바비큐소스를 가지 위에 얹어 마무리 한다.

딸기아이스크림

아이스크림의 단맛은 많은 양의 설탕에서 온다는 걸 굳이 더 설명할 필요는 없을 것이다. 물론 인공첨가물이 들어가지 않은 아이스크림도 있긴 하지만 비싸고 찾기도 어렵다. 그럴 땐 직접 만드는 수밖에 없다. 딸기효소가 큰 도움이 된다.

재료 (2인분)

딸기 … 5알
블랙베리 … 7알
플레인요거트 … 900g
레몬 … ½개
딸기효소 … ½ts
민트 … 약간

만드는 법

1. 딸기와 블랙베리는 하루에서 이틀 정도 살짝 얼려둔다.

2. 1을 믹서에 간다.

3. 레몬은 짜서 즙을 낸다.

4. 플레인요거트에 레몬즙과 효소를 넣고 잘 섞는다. 여기에 갈아둔 딸기 및 블랙베리를 넣고 섞는다.

5. 4를 적당한 크기의 통에 담아 하룻밤 얼린다.

6. 아이스크림을 퍼서 그릇에 담고 생딸기와 민트로 장식한다.

> Tip
> • 블랙베리가 없다면 생략해도 좋다.

웨지양상추샐러드

우리가 흔히 샐러드에 사용하는 양상추를 아이스버그 레터스(iceberg lettuce)라 부른다. 얇은 얼음조각을 씹는 듯한 시원한 느낌이 들기 때문. 규칙 없이 마구 썰거나 찢지 않고 모양 그대로 썰면 특유의 시원한 맛이 더 살아난다. 효소로 만든 드레싱이 맛을 더한다.

재료 (4인분)

양상추 ··· 1통
토마토 ··· 1개
베이컨 ··· 2줄
적양파 ··· ¼개

▽ **발사믹 드레싱**

발사믹식초 ··· ½컵
복분자효소 ··· ⅛컵
소금 ··· ¼ts

▽ **크리미 드레싱**

플레인요거트 ··· ½컵
케첩 ··· 1TBS
복분자효소 ··· 1TBS
올리브오일 ··· 1TBS
포도식초 ··· 1TBS
소금·후추 ··· 약간

만드는 법

1. 양상추는 꼭지 부분을 잘라 겉잎을 떼어내고 흐르는 물에 씻은 후 웨지 모양으로 자른다.

2. 발사믹 드레싱 재료를 팬에 넣고 약불에서 살짝 김이 날 정도로만 끓여 약간 걸쭉하게 만든다.

3. 크리미 드레싱 재료를 볼에 넣고 잘 섞는다.

4. 접시에 양상추를 담고 먼저 크리미 드레싱을 끼얹는다. 그 위에 잘게 썬 토마토, 적양파, 베이컨을 뿌린다. 발사믹 드레싱을 뿌려 마무리한다.

Tip
• 취향에 따라 블루치즈를 곁들인다.

귀리그래놀라파르페

효소를 이용한 초간단 아침식사. 맛없는 귀리도 상큼하고 달달한 딸기효소와 함께 먹으면 맛있는 건강식으로 변신한다. 자기 전에 만들어 냉장고에 넣어두고 다음 날 먹으면 상쾌하고 가뿐한 하루가 보장된다.

재료 (1인분)

딸기 … ¼컵
바나나 … ½개
블랙베리 … ¼컵
블루베리 … ¼컵
플레인요거트 … 1컵
귀리그래놀라 … ¼컵
딸기효소 … 1TBS

만드는 법

1. 딸기와 바나나는 슬라이스하고, 블랙베리와 블루베리는 깨끗이 씻는다.

2. 뚜껑이 있는 유리컵에 먼저 플레인요거트를 ½컵 담고, 그 위에 효소를 뿌린다.

3. 바나나 슬라이스를 얹고 그 위에 나머지 플레인요거트를 부어준다.

4. 그 위에 딸기와 블랙베리를 얹는다.

5. 가장 위에 블루베리와 귀리그래놀라를 섞어 올린다. 뚜껑을 덮어 냉장고에서 차게 식힌다.

> **Tip**
>
> 
>
> • 매일 만들어 먹으면 장이 깨끗해지고 몸이 가벼워진다. 재료를 한꺼번에 많이 구입해 보관한다.

1

2

3

4

5

딸기밀크셰이크

미국에서는 밀크셰이크가 콜라보다도 나쁜 음료로 꼽힌다. 호르몬제 먹인 젖소의 우유에 설탕을 거의 무제한으로 들이붓고 인공색소와 향료까지 첨가했으니 그런 이야기를 들을 만도 하다. 딸기효소 하나면 나쁜 밀크셰이크를 대체할 음료를 간단히 만들 수 있다.

재료 (2인분)

딸기 … 1컵
바닐라 아이스크림 … 1컵
저지방우유 … ¼컵
딸기효소 … 1TBS
레몬 제스트 … 1ts

만드는 법

1. 딸기는 깨끗이 씻어 꼭지를 떼어낸다.
2. 레몬의 겉껍질을 제스터로 긁어내 제스트를 만든다.
3. 분량의 바닐라 아이스크림, 저지방우유, 효소, 레몬 제스트를 믹서에 넣고 간다.
4. 딸기를 믹서에 곱게 갈아 퓨레를 만든다.
5. 큰 컵을 2개 준비하여 3을 컵에 반씩 나누어 따른다.
6. 상단에 4의 딸기 퓨레를 컵 2개에 나누어 붓는다.

> Tip
> • 바닐라 아이스크림은 얼린 바닐라 요거트로, 저지방우유는 두유로 대체 가능하다.

상추샐러드

흔히 먹는 상추겉절이에 산채효소를 넣어 건강하게 만드는 법을 앞에서 배웠다. 이번에는 딸기와 복분자효소를 조금 넣어 상추를 샐러드로 변신시켜보자. 상추와 딸기의 색이 기가 막힌 조화를 이루어 눈까지 즐겁다.

재료 (4인분)

상추 … 20장
에멘탈치즈 … 약간
파꽃 … 조금
딸기 … 8개
견과류 … 약간

▽ **드레싱**
올리브오일 … 4TBS
레몬즙 … 3TBS
복분자효소 … 1TBS
소금·후추 … 약간

만드는 법

1. 상추는 물에 담갔다가 흐르는 물에 씻어 물기를 제거한 후 4등분한다.

2. 에멘탈치즈는 먹기 좋은 크기로 자른다.

3. 파꽃은 잎 부분을 잘라내고 물에 조심스럽게 씻은 후 물기를 제거한다.

4. 딸기는 물에 담갔다가 씻어 물기를 제거한 후 슬라이스한다.

5. 작은 볼에 드레싱 재료를 넣고 잘 섞은 후 소금, 후추로 간한다.

6. 상추를 접시에 깔고 치즈, 딸기, 견과류를 올린다. 파꽃을 자연스럽게 흩뿌려 마무리한다.

> **Tip**
> • 견과류를 볶아 넣으면 더욱 고소한 맛이 난다.

3

4

5

6

9. 보라효소

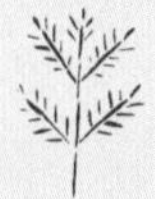

보라효소

해물파스타와 마늘빵

고사리피클

두부참치볼

적보라피클

무말랭이김치

보라효소

식물 속 보라 색소 성분인 안토시아닌은 강력한 항산화물질로 알려져 있다. 또한 시력을 보호
하고, 인슐린의 생성을 도와 당뇨 치료에 효과가 있으며, 살균 작용을 한다. 보라색 채소만 모
아 효소로 만들면 안토시아닌 농축액을 만들 수 있다.

재료 (1.2L)

가지·비트·적채 … 2kg
백설탕 … 2kg
가루EM … 6ts

만드는 법

1. 가지, 비트, 적채는 깨끗이 씻어 물기를 말린 후 잘게 썬다.

2. 가지, 비트, 적채 썬 것을 저울에 달아 2kg으로 무게를 맞춘다.

3. 설탕에 가루EM을 섞고 2에 부어 잘 섞어준 후 입구가 넓은 병에 담는다.

4. 헝겊으로 입구를 2번 둘러 공기가 통하게 하고, 날짜와 재료 무게를 기록한 후 너무 덥지 않은 시원한 곳에 둔다.

5. 이틀째부터는 나무 주걱을 사용해 위를 누르거나 병을 기울여 위가 마르지 않도록 적셔준다.

6. 5일 후, 채소들의 부피가 반으로 줄어든 것을 확인한다.

7. 중간층에 고인 효소액을 체에 걸러 입구가 좁은 병에 담는다(1차 효소). 입구를 헝겊으로 막아, 그대로 집 안의 시원한 곳에 두고 1년간 숙성시켜 요리에 쓴다.

8. 큰 유리병에 남아 있는 채소들과 설탕을 잘 섞어준 다음 다시 뚜껑을 닫아 너무 덥지 않은 실온에 둔다. 3일 후, 맑은 물을 걸러 작은 병에 담는다(2차 효소). 병 입구를 헝겊으로 둘러 공기가 통하게 봉한 후 냉장고에 넣고 바로 요리에 설탕 대신 사용한다.

Tip

• 효소를 모두 거르고 난 찌꺼기에 식초 500ml를 부어주면 간단히 보라피클을 만들 수 있다.

해물파스타와 마늘빵

파스타의 맛은 잘 삶은 면과 맛있게 끓여낸 소스가 얼마나 잘 어우러지느냐에 달려 있다. 효소를 조금만 넣으면 면과 소스가 서로 겉돌지 않고 착 달라붙게 만들어준다.

재료 (2인분)

스파게티면 … 2인분
조개 … 10마리
생새우 … 20마리
시금치 … 약간

▽ 소스
다진 양파 … 1개
다진 마늘 … 1TBS
올리브오일 … 4TBS
드라이 화이트와인 … ½컵
소금·후추 … 약간
보라효소 … 약간

▽ 마늘빵(4~5인분)
잉글리시머핀 … 5개
곱게 간 마늘 … 1TBS
마늘가루 … 1TBS
꿀 … 2TBS

만드는 법

1. 곱게 간 마늘, 마늘가루, 꿀을 잘 섞어둔다.

2. 잉글리시머핀을 가로 방향으로 잘라 자른 면에 버터를 바른다. 1의 마늘소스를 골고루 발라 오븐이나 팬에 넣고 저온(180℃가량)에서 20~25분 구워 마늘빵을 완성한다.

3. 조개와 생새우는 물에 깨끗이 헹군 뒤 소쿠리에 밭쳐 물기를 뺀다.

4. 넓은 냄비에 분량의 올리브오일을 두르고 다진 양파와 마늘을 넣어 향이 나도록 볶고 소금, 후추로 간한다.

5. 화이트와인과 해물을 넣고 뚜껑을 닫는다. 조개가 입을 벌리면 뚜껑을 열고 불을 끈 후 효소와 시금치를 재빨리 섞는다.

6. 소금을 넉넉히 넣은 물에 스파게티면을 삶아 준비한다.

7. 접시에 스파게티면과 새우를 담고, 5의 소스에서 국물을 먼저 붓는다. 조개와 시금치를 올리고 마늘빵을 곁들인다.

> **Tip**
> • 선드라이드 토마토를 사용하려면 마늘과 양파를 익힌 후 화이트와인을 넣기 전에 약 4~6개 넣는다.
> • 스파게티면은 찬물에 헹구지 않고 따뜻한 채로 사용한다.
> • 시금치는 원하는 녹색 채소로 바꿔 사용할 수 있다.

고사리피클

피클은 무, 오이, 고추 등 단단한 질감의 채소로 만드는 것이 일반적이다. 보라효소를 이용해
고사리로 색다른 피클을 만들어보자. 마른 고사리가 아닌 생고사리로 만든 피클이라 아주 쫄
깃하고 부드럽다.

재료 (800ml)

생고사리 … 1줌
천일염 … 1TBS
다진 마늘 … 약간
다진 홍고추 … 약간

▽ **피클물**
식초 … 1컵
간장 … ⅔컵
생수 … ⅔컵
월계수잎 … 1장
보라효소 … 1컵

만드는 법

1. 생고사리는 끓는 물에 데쳐 흐르는 찬물에 헹구고 물기를 짠 다음 소쿠리에 담아 바싹 말린다.

2. 말린 고사리를 물에 불린 후 물기를 짜서 양푼에 담고 분량의 천일염을 뿌려둔다.

3. 천일염이 다 녹으면 물을 버리고 물기를 짠다.

4. 냄비에 분량의 식초, 간장, 생수를 넣고 월계수잎과 함께 팔팔 끓인다. 불에서 내려 약간 식힌 후 효소를 넣고 섞어 피클물을 만든다.

5. 소독한 유리병에 고사리를 넣고 피클물을 붓는다. 다진 마늘과 다진 홍고추를 넣는다.

6. 뚜껑을 닫아 실온에 보관하다가 나흘 후 냉장고로 옮겨 보관한다. 이때부터 먹기 시작한다.

Tip

- 냉면에 넣어 먹으면 별미다.
- 식초, 간장, 물, 월계수잎 대신 고추피클 다 먹고 난 물을 팔팔 끓여 대체할 수 있다.

1

2

3

4

5

6

두부참치볼

마트에 가면 많은 종류의 즉석 미트볼이 있다. 하지만 대부분, 잡고기를 사용한 데다 방부제가 가득하다. 특히 소스에는 어마어마한 양의 설탕이 들어가 있다. 이제 설탕 단맛이 나는 미트볼을 버리고, 효소 단맛이 나는 미트볼을 직접 만들 때다.

재료 (3~4인분, 25개 이상)

참치캔(작은 것) … 2개
두부 … 1/2모
달걀 … 1개
빵가루 … 1컵
소금·후추 … 약간
식용유 … 약간
다진 파 … 약간

▽ 소스

다진 마늘 … 1ts
올리브오일 … 1TBS
잘게 썬 파프리카 … ¼~½컵
시판 토마토소스 … ½컵
보라효소 … 1ts

만드는 법

1. 참치는 기름을 따라낸 뒤 꼭 짜고 기름은 따로 둔다. 두부는 으깬 후 물기를 꼭 짠다. 참치, 두부, 달걀, 빵가루, 소금, 후추를 잘 섞는다.

2. 1의 반죽을 1TBS씩 떠서 둥글게 빚고 식용유를 바른 팬에 넣어 중강불에서 노릇하게 굽는다.

3. 납작한 팬에 올리브오일을 두르고 다진 마늘을 고소하게 볶다가 파프리카를 넣고 익힌다.

4. 3에 시판 토마토소스와, 참치캔에서 나온 기름을 넣고 뭉근히 끓인다.

5. 4의 불을 끄고 효소를 넣어 한 번 더 저어준 뒤, 구워둔 두부참치볼을 넣고 굴린다.

6. 다진 파를 뿌려 마무리한다.

> **Tip**
> • 시판 토마토소스 대신 케첩, 핫소스, 스파게티소스 등 입맛에 따라 다양하게 바꿔 쓸 수 있다.

적보라피클

심장과 혈관에 부담을 주는 짜디 짠 장아찌 말고, 먹기만 해도 항산화작용을 하는 안토시아닌
적양파와 적채에는 강력한 항산화작용을 하는 안토시아닌이 풍부하다. 여기에 안토시아닌 농
축액이나 다름없는 보라효소를 넣으면, 먹기만 해도 항산화작용을 하는 피클을 만들 수 있다.

재료 (2L)

적채 … ½개

적양파 … 1개

소금 … 약간

식초 … 2컵

물(끓여서 식힌 것) … 1컵

보라효소 … 1+½컵

통후추 … 약간

월계수잎 … 1장

만드는 법

1. 적채와 적양파는 깨끗이 씻고 다듬어 깍두기 모양으로 썰어둔다.

2. 냄비에 물을 넉넉히 붓고 소금을 약간 넣어 강불에 둔다. 팔팔 끓으면 적채와 적양파를 재빨리 데친다.

3. 깨끗한 병에 데친 적채와 적양파를 넣는다.

4. 분량의 식초, 물, 보라효소를 붓고 통후추와 월계수잎을 넣는다. 뚜껑을 닿아 실온에 3~7일 정도 둔다.

> **Tip**
>
> 
>
> - 식초:물:효소의 비율은 5:2:3이다. 주어진 레시피보다 더 많은 양을 만들 때 참고한다.
> - 다 먹고 난 피클물에 같은 양의 올리브오일을 섞고 후추를 약간 뿌리면 **훌륭**한 샐러드 드레싱이 된다.

무말랭이김치

무말랭이김치를 시장이나 반찬가게에서 사다 먹는 사람들이 많다. 하지만 시장 것은 너무 달고 짜고 맵다. '여기엔 설탕이 얼마나 들어갔을까? 중국산 고춧가루는? 이게 건강에 좋은 것인가?'하고 의심하며 먹기보다는, 직접 담가보자.

재료 (1.5L)

무말랭이 … 2컵
마른 고추잎 … 1/2컵
더운물 … 3컵
피클물 … 3컵

▽ 양념

고춧가루 … 3TBS
간장 … 3TBS
고추장 … 3TBS
다진 마늘 … 약간
생강 … 1ts
보라효소 … 3TBS
통깨 … 1TBS
다진 파 … 약간

만드는 법

1. 분량의 더운물과 피클물을 섞고, 무말랭이와 고추잎을 넣어 하룻밤 불려둔다.

2. 피클물에서 무말랭이와 고추잎을 건지고, 맑은 물을 가득 붓고 한 번 흔들어 헹군다.

3. 무말랭이와 고추잎의 물기를 꼭 짜서 넓은 양푼에 넣는다.

4. 분량의 양념 재료를 전부 섞는다.

5. 양념을 3의 양푼에 넣고 조물조물 무쳐 완성한다.

Tip

• 피클물은 어떤 것이라도 좋지만, 이왕이면 같은 보라효소를 사용한 피클을 추천한다. 180쪽, 184쪽 레시피 참고.

10. 석류크랜베리효소

석류크랜베리효소

펠리오샐러드

연어새싹말이와 연어샐러드

고등어무조림

김치볶음밥

미트볼

천연피자와 천연핫소스

석류크랜베리효소

석류 속 에스트로겐 유사 성분은 갱년기 수면장애, 피로감, 안면홍조 등의 증상을 완화하고
유방암과 자궁암 등 여성암을 예방하는 데 도움을 준다. 한편 크랜베리는 혈중 콜레스테롤을
낮춰준다. 중년 여성에게 꼭 필요한 효소라 할 수 있다.

재료 (800ml)

석류 … 5개
크랜베리 … 3~4컵
꿀 … 500g
가루EM … ⅛ts

만드는 법

1. 석류는 세로로 4~5등분한 후 방망이로 겉껍질을 두드리거나 손으로 갈라 알을 빼낸다.

2. 크린베리는 깨끗이 씻어 믹서에 으깨듯이 살짝 갈아 석류알과 가볍게 뒤섞는다. 크랜베리와 석류를 합친 무게가 1kg이 되게 맞춘다.

3. 깨끗한 유리병에 가루EM의 절반을 뿌린다. 그 위에 2와 꿀을 켜켜이 넣는다.

4. 가장 위에 나머지 가루EM을 뿌린 후 헝겊으로 입구를 2번 둘러 공기가 통하게 하고, 날짜와 재료 무게를 기록한 후 어둡고 시원한 곳에 둔다.

5. 다음 날부터 효소 발효 과정을 지켜본다. 기포가 많이 나면 발효가 잘 되고 있는 것이다.

6. 5일 후, 중간층에 고인 효소액을 체에 걸러 입구가 좁은 병에 담는다. 입구를 헝겊으로 막아 집 안의 시원한 곳에 둔다. 그대로 6개월 정도 숙성시켜 요리에 쓴다.

• 효소 만들고 남은 찌꺼기는 다양한 요리에 사용 가능하다. 40쪽, 62쪽 참고.

펠리오샐러드

곡물과 설탕을 끊고 고기, 채소, 과일 위주의 구석기 식단으로 돌아가자는 펠리오 다이어트
(palio diet)가 유행하고 있다. 펠리오 식단의 대표 주자는 바로 샐러드. 효소를 쓰면 설탕 없이
도 맛난 샐러드 드레싱을 만들 수 있다.

재료 (2인분)

생새우 … 1컵
방울토마토 … ½컵
삶은 달걀 … 1~2개
아보카도 … 2개
다진 적양파 … 1TBS
다진 고수잎 … 약간
로메인 상추 … 1포기
레몬즙 … 1개 분량
석류크랜베리효소 … ½TBS
올리브오일 … 2~3TBS
소금·후추 … 약간
올리브 … 약간

▽ 매운맛소스
고추장 … 1TBS
고운 고춧가루 … 1ts
석류크랜베리효소 … ¼ts

▽ 보통맛소스
시판 바비큐소스 … 1TBS
석류크랜베리효소 … ¼ts

만드는 법

1. 새우는 깨끗이 씻어 껍질을 깐 후 버터를 바른 팬에서 굽는다. 반은 보통맛소스를, 반은 매운맛소스를 각각 묻힌다.

2. 방울토마토는 깨끗이 씻어 반은 잘게 썰고, 나머지 반은 한입 크기로 자른다. 삶은 달걀은 세로로 4등분한다.

3. 아보카도 1개는 잘게 썰고, 1개는 으깬다.

4. 으깬 아보카도에 잘게 썬 방울토마토, 다진 적양파, 다진 고수잎을 넣고 섞어 소금과 후추로 간하여 과카몰리를 만든다.

5. 로메인 상추는 깨끗이 씻어 한입 크기로 자른다.

6. 로메인 상추를 접시에 담고 레몬즙, 효소, 올리브오일을 골고루 뿌린 후 소금, 후추로 간한다. 2가지 새우, 아보카도, 토마토, 달걀을 예쁘게 올리고 올리브를 뿌린 뒤 과카몰리를 곁들여 마무리한다.

> **Tip**
> • 완전한 펠리오 식단이 부담스럽다면 칩을 조금 곁들여도 된다.

연어새싹말이와 연어샐러드

연어가 슈퍼 푸드로 손꼽히는 이유는 풍부한 오메가3가 두뇌 건강을 지켜주기 때문이다. 치매 예방과 기억력 향상에 좋은 연어가 에스트로겐 폭탄 석류효소와 만나면 중년의 머리끝부터 발끝까지 지켜주는 슈퍼 요리가 된다. 신선한 채소로 만들어 칼로리도 낮다.

재료 (2인분)

생연어 … 1토막
새싹채소 … 1컵
무채 … 약간
스트링치즈 … 1개
양파 슬라이스 … 약간

▽ 초록소스
마요네즈 … 1ts
고추냉이 … ¼ts
간장 … ¼ts
비름참나물머위효소 … 1TBS(66쪽)

▽ 빨강소스
마요네즈 … 1TBS
석류크랜베리효소 … 2TBS

만드는 법

1. 연어는 깨끗이 씻어 키친타월로 물기를 제거한 후 얇게 포를 뜬다. 자투리는 샐러드용으로 따로 둔다.

2. 포 뜬 연어에 새싹채소와 무채를 올린다. 연어에 올리고 남은 새싹채소는 샐러드용으로 따로 둔다.

3. 2를 돌돌 말아 이쑤시개로 고정시킨 후 접시에 담는다.

4. 석류크랜베리효소와 마요네즈를 섞어 빨강소스를 만든다.

5. 마요네즈, 고추냉이, 간장, 비름참나물머위효소를 섞어 초록소스를 만든다.

6. 2의 남은 새싹채소를 접시에 담고 1의 연어 자투리와 양파 슬라이스를 얹는다. 4의 빨강소스를 조금 뿌려 샐러드를 만든다.

7. 연어새싹말이는 2가지 소스에 찍어먹고, 샐러드는 빨강소스와 잘 섞어 먹는다.

> **Tip**
> • 빨강소스에 초록오이피클을 아주 잘게 썰어 넣으면 더욱 맛있다. 레시피는 58쪽 참고.
> • 무채를 스트링치즈로 바꿔 사용하면 아주 진한 맛이 난다.

1

2

3

4

5

6

고등어무조림

효소를 설탕 대신 요리에 두루두루 사용하라 권하지만, 특히 생선조림에 꼭 사용해보라 강력
추천한다. 생선 비린내를 없애고 부재료들의 맛을 최대치로 끌어올리기 때문. 그야말로 조림
의 특별 비법이라 할 수 있다.

재료 (2인분)

고등어 … 1마리
무 … ½개
홍차 티백 … 1개
한약재(계피, 당귀 등) … 약간
생수 … 1+½컵
다시마(5x5cm) … 1장
마른 멸치 … ¼컵
대파 … 약간
풋고추 … 약간
홍고추 슬라이스 … 약간
석류크랜베리효소 … 1TBS

▽ **양념**
양파 … ¼개
홍고추 … ⅔개
생강 … 약간
조선간장 … ½TBS
고춧가루 … 2ts
고추장 … 1ts
다진 마늘 … 약간
맛술 또는 청주 … ½ts

만드는 법

1. 무는 큼직하게 썰어 반나절 또는 하루 동안 실온에서 말려둔다.

2. 넉넉한 찬물에 홍차 티백과 한약재를 넣고 어슷썬 고등어를 담가 15~30분 정도 둔다.

3. 냄비에 분량의 생수를 붓고 1의 말린 무, 다시마, 마른 멸치를 넣는다. 뚜껑을 닫고 중약불에서 끓인다. 무가 부드럽게 익고 물이 1컵 정도로 줄어들면 다시마와 멸치를 건진다.

4. 양파, 홍고추, 생강을 믹서에 넣고 3의 육수를 1TBS 넣어 간다.

5. 4에 조선간장, 고춧가루, 고추장, 다진 마늘, 맛술을 섞어 양념을 만든다.

6. 고등어를 건져 3의 냄비에 넣고, 5의 양념을 끼얹는다. 뚜껑을 닫고 중불에서 조리다가 약불로 줄여 무에 양념이 배고 국물이 자작해질 때까지 조린다. 불을 끄기 전 대파·풋고추·홍고추를 넣는다. 불을 끄고 효소를 골고루 뿌려 마무리한다.

Tip

- 한약재는 집에 있는 것들 중 아무거나 골라 사용한다. 없으면 생략 가능.
- 검정콩식초를 약간 넣고 함께 끓이면 비린내가 줄어들고 생선뼈가 물러진다. 레시피는 128쪽 참고.
- 고추장은 진간장, 된장, 청국장 등으로 대체 가능하다.

1

2

3

4

5

6

김치볶음밥

인터넷에서 끝내주는 김치볶음밥 비법이라 하여 홀린 듯이 클릭해 들어가면, 설탕을 2~3순 가락씩 퍼서 넣고는 사 먹는 것보다 맛있다며 호들갑을 떤다. 자극적인 단맛은 이제 버릴 때 가 왔다.

재료 (2인분)

밥 … 2그릇
배추김치 … ½컵
삼겹살 … 2줄
양파 … ½개
달걀 … 2개
식용유 … ½TBS
고춧가루 … 약간
소금 … 1꼬집
후추 … 약간
김칫국물 … 4TBS
석류효소 … ½ts

▽ 고명
체더치즈 … 약간
참기름 … 약간
통깨 … 약간
김가루 … 약간

만드는 법

1. 배추김치, 삼겹살, 양파는 작은 주사위 모양으로 썬다.

2. 팬에 식용유를 두르고 달걀을 깨 넣어 달걀프라이를 한다.

3. 팬에서 달걀프라이를 꺼낸 뒤 양파와 삼겹살을 넣어 노릇하게 볶는다.

4. 배추김치를 넣고 고춧가루, 소금, 후추를 뿌린 후 달달 볶는다.

5. 밥을 넣고 김칫국물로 간을 맞춰가며 볶는다. 불을 끄고 효소를 뿌려 섞는다.

6. 접시에 담아 달걀프라이를 얹고 체더치즈, 참기름, 통깨, 김가루를 살살 뿌려 마무리한다.

미트볼

이케아 레스토랑에서 볼 수 있는, 고기가 꽉 찬 수제 미트볼이다. 직접 만든 그레이비소스가
미트볼과 찰떡궁합이다. 그런데 버터와 헤비크림으로 만드는 그레이비소스가 건강에 좋을까
살짝 염려가 된다. 심장에 좋은 석류크랜베리효소를 약간 써서 영양을 보완했다.

재료 (3~4인분, 23~25개)

다진 쇠고기 … 1컵
다진 돼지고기 … 1컵
양파 … ½개
마늘 … 1개
빵가루 … 1컵
달걀 … 2개
버터 … 1TBS
우스터소스 … ½ts
우유 … ¼컵
식용유 … 적당량
소금·후추 … 약간
파슬리 … 약간

▽ 그레이비소스
버터 … 1TBS
밀가루 … 1TBS
치킨스톡 … 1컵
우스터소스 … ½ts
헤비크림 … 4TBS
소금·후추 … 약간
석류크랜베리효소 … ½ts

만드는 법

1. 양파와 마늘은 잘게 다져 분량의 버터를 녹인 냄비에 넣고 소금, 후추로 간하며 볶는다. 여기에 우스터소스와 우유를 넣고 약불에서 익힌 후 한 김 식힌다.

2. 커다란 볼에 빵가루, 1의 양파와 마늘, 다진 쇠고기와 돼지고기, 달걀을 넣고 반죽한다. 이때 달걀 노른자 1개는 뺀다.

3. 계량스푼 등 둥근 스푼에 밀가루를 약간 묻히고 미트볼 반죽을 봉긋하게 올려 손으로 꼭꼭 눌러 모양을 만든다.

4. 오븐시트에 식용유를 골고루 뿌린 후 미트볼 반죽을 올려 250℃ 오븐에서 10분간 굽고, 미트볼의 아래위가 뒤집히게 굴려 10분간 더 굽는다.

5. 냄비에 버터를 바르고 체에 곱게 내린 밀가루를 볶다가 치킨스톡, 우스터소스, 헤비크림을 넣고 불을 아주 약하게 줄인 후 효소를 넣는다.

6. 5의 냄비에 구운 미트볼을 넣고 5분 더 졸인 다음 접시에 담는다. 파슬리를 뿌려 마무리한다.

Tip

• 치킨스톡은 비프스톡이나 채소육수로 대체 가능하다.
• 둥글게 빚은 미트볼은 냉장고에서 최소한 1시간 두면 좋다. 반죽이 부스러지지 않고, 더 바삭한 맛을 낼 수 있다.

천연피자와 천연핫소스

세상에서 가장 건강한 피자를 소개한다. 짭짤한 치즈와 달콤한 뿌리채소, 여기에 특별한 석류
크랜베리효소 핫소스가 어우러져 완벽한 맛을 이끌어낸다.

재료 (3~4인분, 1판)

비트 … ½개
당근 … 1개
고춧잎 … 1컵
모차렐라치즈 … 3~4컵
올리브오일 … 약간
고추꽃 … 약간

▽ 천연핫소스
시판 토마토소스 … 1TBS
석류크랜베리효소 … ½TBS
시판 핫소스 … ¼ts

만드는 법

1. 비트와 당근은 얇게 슬라이스한다.

2. 오븐시트에 올리브오일을 가장자리까지 꼼꼼히 바른 후 비트를 깐다.

3. 비트 위에 모차렐라치즈를 2컵 뿌린다.

4. 당근 슬라이스를 깔고, 나머지 모차렐라치즈를 위에 뿌린다.

5. 180℃ 오븐에 약 20분 굽고, 오븐에서 꺼내 고춧잎을 골고루 뿌린다.

6. 오븐 온도를 170℃로 낮춰 15~20분 더 구운 뒤 고추꽃을 뿌려 장식한다. 토마토소스, 효소, 핫소스를 분량대로 섞어 곁들인다.

> **Tip**
> • 당근은 여러 가지 색깔을 섞어 쓰면 더 예쁘다. 사진은 보라색, 노란색, 주황색, 빨간색 당근을 사용했다.
> • 고추꽃은 없으면 생략해도 좋다.

효소 요약 정리

다음은 효소 레시피를 아주 간략하게 요약한 것으로, 효소 담그기에 어느 정도 익숙해진 독자들이 한눈에 효소 재료를 준비하고 담글 수 있게 돕는다. 가나다순으로 정리하였으며, 자세한 내용은 해당 쪽을 참고하기 바란다.

고추효소 P.82

항암 효과, 다이어트 효과, 스트레스 해소, 콜레스테롤 감소, 관절통증 감소

돼지감자키위사과효소 P.126

혈당 상승 억제, 장 기능 촉진, 다이어트

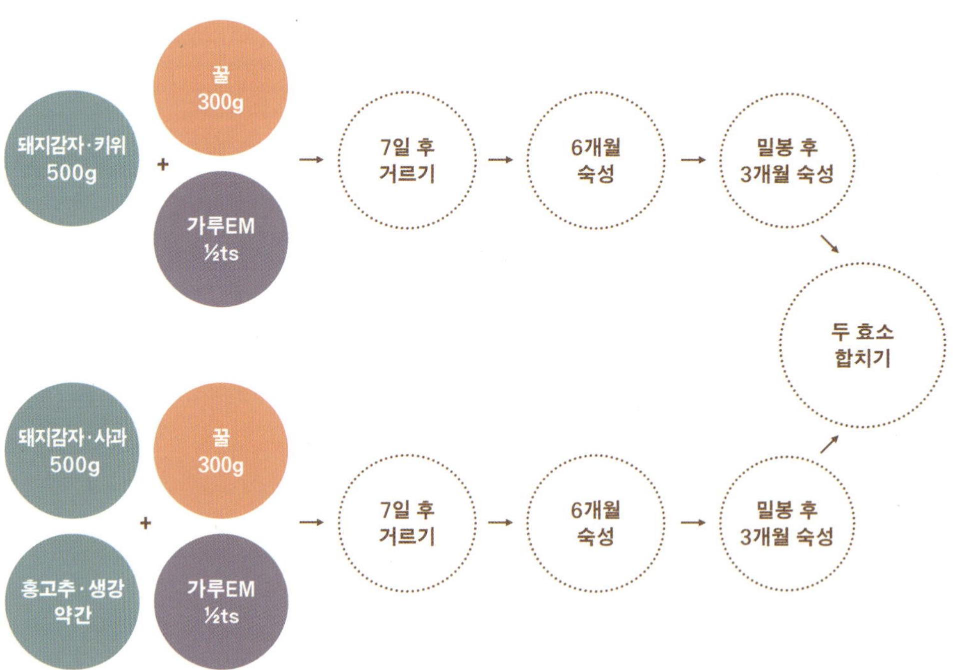

딸기효소 P.158

피부 미용, 항산화 작용, 면역력 증진

보라효소 P.176

항산화 작용, 항암 효과, 심장질환 예방, 우울증 예방

복분자효소 P.160

간 기능 강화, 원기 회복, 성 기능 개선

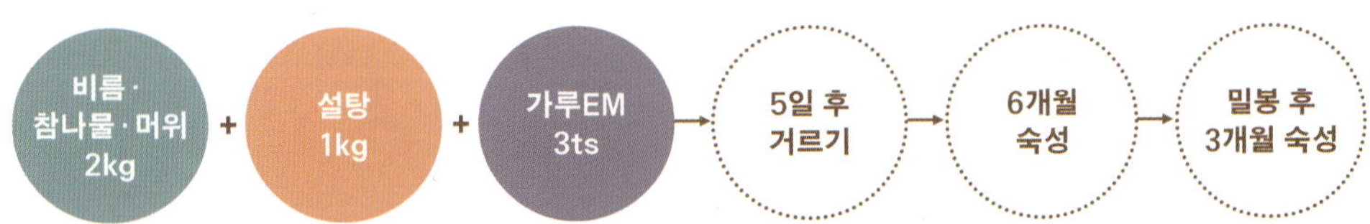

비름참나물머위효소 P.66

정혈 작용, 식중독 예방, 설사 예방, 원기 회복

사과생강효소 P.48

피부 미용, 피로회복, 노화 방지, 나트륨 배출, 혈액순환 촉진, 장 기능 촉진, 항균 및 살균 작용

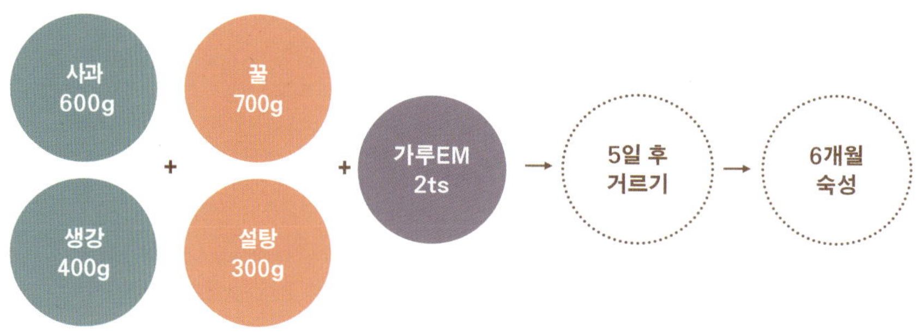

사과호박효소 P.46

피부 미용, 피로회복, 노화 방지, 장 운동 촉진, 나트륨 배출

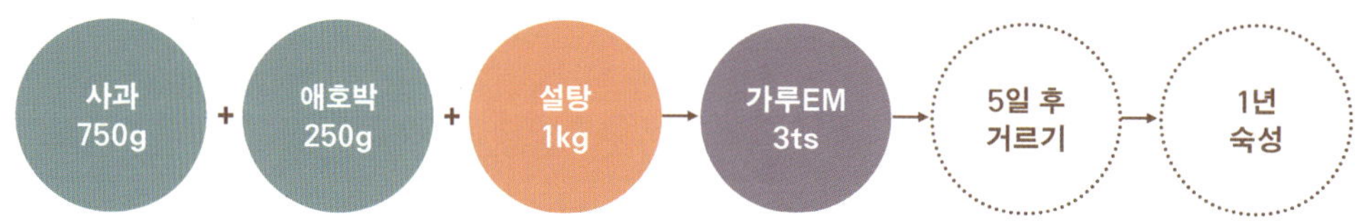

석류크랜베리효소 P.190

항산화 작용, 지사 작용, 갱년기 증상 완화, HDL 콜레스테롤 증가

우엉연근당근효소 `P.110`

정혈 작용, 스트레스 해소, 비만 예방, 항균 작용

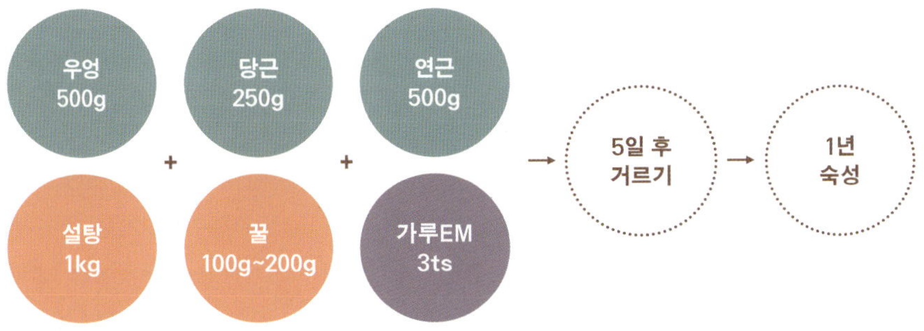

자색고구마효소 `P.68`

정혈 작용, 항암 효과, 노화 방지, 면역력 증진

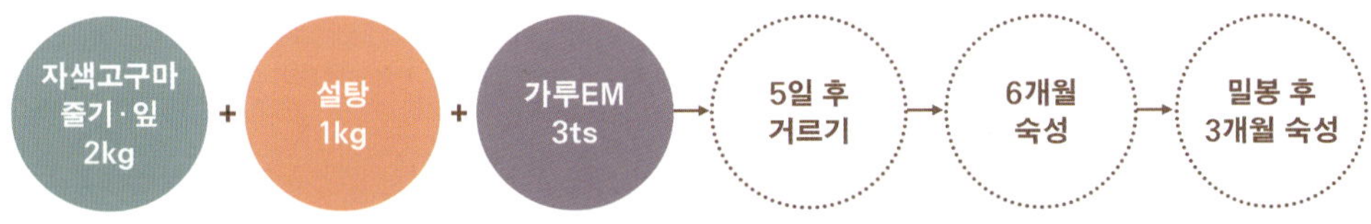

허브효소 `P.142`

심신 안정, 식중독 예방, 해독 작용, 아토피 개선

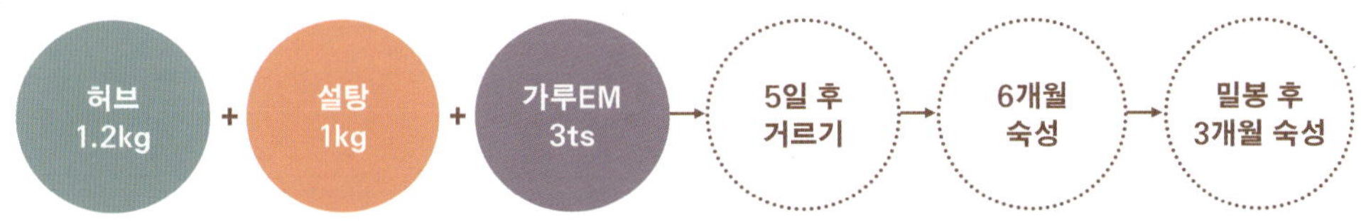

호박효소 `P.98`

항산화·항염증 작용, 감기 예방, 항암 효과

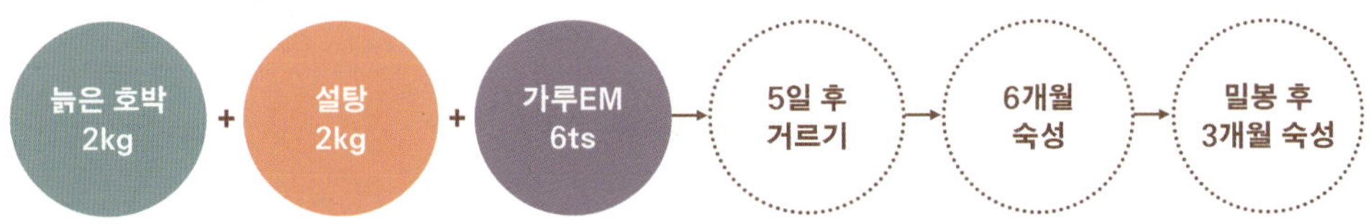